Shanghai

上海日常旬味

小金處私廚的四季餐桌

徐小萍
金弘建
——著

1 ｜夏末秋初舊法租界的街道風貌，為小金處鄰近的復興西路
2 ｜小金處私廚的用餐空間

品賞推薦

吳恩文—美食家

小金的上海家常菜是我在上海最溫暖的記憶，小萍總是在旁娓娓道來每道菜背後動人的故事；如今透過她溫暖又細膩的文字，更深刻地梳理了上海家常美食和人文風土的細節，生動重現了那逐漸被人遺忘的上海餐桌。

游智維—風尚旅行社總經理

心中最美味難忘的料理，上海租界老洋房裡的小金處總令我魂縈夢牽。從食物中學習理解地方與文化，在餐桌上探索思考生活與旅行的平衡及意義。

目錄

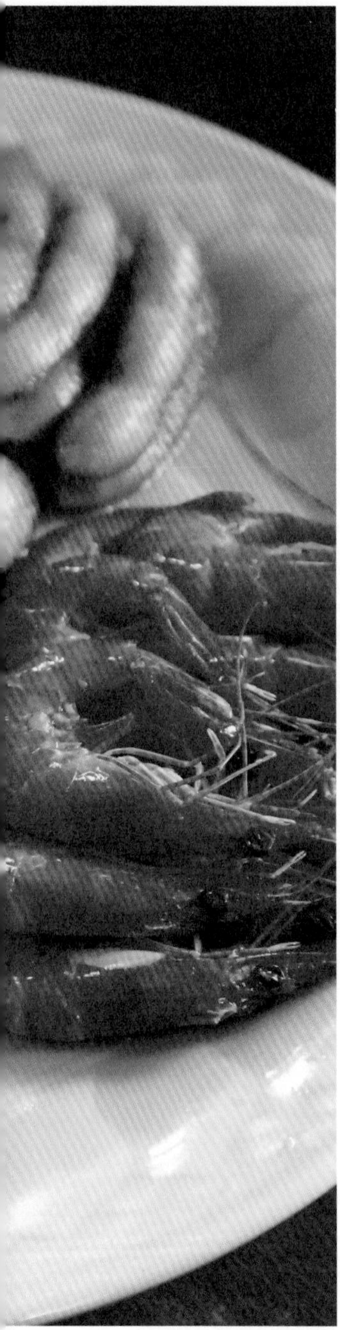

推薦序

小金處——秋天的水八仙

蔣勳

因為疫情，三年沒有去上海了。

以前每年都去上海，尤其在秋天，秋風颯颯，新華路上的梧桐開始落葉，喜歡踩著落葉一路走下去，覺得真的是秋天了。

上海很大，可以遊玩閒逛的地方很多。我每次去都不會忘了兩個地方，一個是位在陸家嘴繁華地帶的震旦美術館。一個就是在老巷弄舊洋樓的一家私廚：小金處。

震旦美術館有一尊青州北齊時代的佛像，靜穆安詳，好像看過一千五百年的滄桑，眉眼間都是悲憫，嘴角微微淺笑，一切如夢幻泡影，所以心無罣礙。

小金處是私廚，沒有招牌，沒有任何餐廳標誌。走到巷弄口，竹影扶疏，穿過庭院，上木板樓梯，還是不知道「餐廳」在哪裡。

這樣不起眼的地方，如同平常人家，大概也只是有緣人，有機會在這裡吃一餐。

是的，我幾次去小金處，都不覺得是上館子，與其說小金處是「餐廳」，其實它更像是一個「家」。

真的是一個家，把自己的家讓出來招待客人，多麼溫暖，也多麼奢侈。

上了樓，右手邊是廚房，有烹煮食物的淡淡香氣飄來，想起小時候，最懷念一面做功課，一面聞到母親在廚房小火煎赤鯮，微微焦香，一陣一陣，那是我記憶裡「家」的氣味。

進了主屋，就一個統間，一邊大圓桌，可以坐十個人。另一邊幾張椅子小茶几，像一個簡單客廳。完全是一個平常百姓的家。

第一次來，一坐下來，就覺得像家，真不可思議。現代人的麻煩，連自己的家都不像家了，所以，我懷念小金處，坐在那裡就心安。

小金是男主人，在廚房忙。女主人小萍，圓圓的臉，和藹親切，第一次見面，也覺得像家人。

小金是蘇州人，從小跟外婆長大。跟外婆長大，大概吃到最道地的江南美食。因為是外婆，美食也是家常，又不會囂張做作。許多家庭的料理都是母親和外婆傳承，小金這個蘇州男子身上繼承了外婆的溫暖精緻的手工。

小金是攝影家，跟臺灣許多攝影界、藝術界都熟。牆上懸掛的攝影作品古典溫潤，用黑白染色讓照片有濃郁的懷舊風格。

小萍很活潑，她說母親是卑南族；她後來在上海發展，認識小金，喜歡他的攝影，但更驚豔他一手好菜，常在家裡做菜招待朋友，名聲越來越大，最後就發展成私廚。

感謝小萍母系卑南的生命力，使攝影家也分享給我們私房菜的快樂。

這幾年「私廚」很夯，有時太過造作，裝潢、料理都炫耀，少了平常人家的平實。小金處是我看過最像「家」的私廚。空間擺設就是一個家，更難得的是每一道菜出來，都讓我覺得是在家裡用餐。

「昔日王謝堂前燕，飛入尋常百姓家」，這是唐詩詠嘆南朝士族的沒落，但是，我一直

烏鎮・東大街一景，金弘建攝影作品

覺得：人世間最貴重的其實就是「尋常百姓」，好好過日子，把每一餐做好，「昔日王謝」那些貴族，政治鬥爭不斷，哪裡有這樣的福氣。

有母系卑南血統的小萍，富有生命力，小金有蘇杭男子的溫柔細緻，他們的搭配，讓我覺得「尋常百姓」真好，如果有下輩子，我也還是許願作「尋常百姓」。

小金廚房忙完，偶然會出來打個招呼。話不多，看著大家讚美他的菜，很喜悅，卻木訥謙遜。

我欣賞著蘇杭的溫潤，也欣賞著島嶼卑南活潑生機勃勃的活力。

小萍母系卑南，但是父系是湖南，這是臺灣東部居民常見的文化組合。我有許多朋友來自這種文化融合的家庭，他們都特別優秀，有膽識，有活力，卻又包容，尊重各種不同的好。

從文化的角度看，血統越複雜，越有創造力的豐富，單一太久，大概都會萎縮。

古埃及王室，為了保存血統純正，家族近親交配，最後一堆智障，終於亡國。

「純正」太偏激，對文化而言，常常是走向衰亡的開始。

所以每次去小金小萍的家，都覺得生機無限。高櫃子上一罐一罐，桂花釀、醃梅子、老蘿蔔乾、梅乾菜，我想許多是小萍的手藝，那是我在東部居民家裡常常看到的景象。

我記得一道「蘇州東山白切凍羊肉」，極好，可以把羊肉做到清爽如玉。小金說：文革時候外婆還偷偷做這道菜。

「尋常百姓」有時也碰到野蠻不講理的事，幸好傳統還是「偷偷」傳承下來。

一起去上海的朋友，記得小金處的幾道菜：「松子火腿」、「熗虎尾」、「蒜薹炒醬油肉」，還有襯著芋頭蒸的「南乳粉蒸肉」。也大多是尋常百姓家裡的菜。「糟豬腳」用黃酒糟，不用紅麴，酒香更濃郁。

我們都懷念一道「蒲菜鯽魚湯」，比平常喝的「蘿蔔絲鯽魚湯」清淡，卻韻味無窮。蒲菜，水生植物，《詩經》裡和筍並列，是香蒲春天嫩莖。蒲葉長老了，用來編籃筐，裝魚蟹蝦，江南一帶常見。

「槐花」亦可以入菜，小金處的「槐花雲吞」，吃過都難忘。小萍在臺灣東部長大，記得家鄉滿山遍野的野薑花，我佩服她，竟然在上海的都市頂樓種出薑花，用薑花加肉末調餡兒，塞在像油豆腐的油泡中，做了一道結合江南和臯南的油泡塞肉。

小萍又教我桃膠湯的特殊做法，「白木耳、

黑木耳、桃膠熬出湯底，加紅棗、枸杞、蔓越莓。」說到這裡，我也都懂，但是小萍的桃膠湯，還依季節變化：「夏天冰鎮，加鳳梨。秋天改放梨。冬天是桂圓百合。」尋常百姓專心生活，所以跟著季節節氣調配食物，現代蔬食說的「當地當季」，也就是知道身體和自然的對話，「自然」是土地，也是季節。小萍的桃膠湯，可以加她調製的「玫瑰荔枝醬」，這是皐南小萍的底蘊，我因此想，「小金處」可以更名為「小金小萍處」。

最後，要說一說我最懷念的，是有一年秋天吃到的一席「水八仙」。

是難逢的機緣，秋天的一段時間，八種水中生長的植物到齊，才能做這一席秋意盪漾的「水八仙」。

水裡的八種植物是：蓮藕、菱角、荸薺（小金叫「地栗」）、水芹、茨菰、茭白、蒓菜、雞頭米。

水八仙食材

起初以為「水八仙」是全素，其實是這八種水生植物搭配不同材料組織的一整席料理，也有葷，但不喧賓奪主，還是有蔬食的本分。

這張菜單我留著，很珍惜，珍惜那一個「八仙」到齊的秋天，珍惜江南上千年的庶民傳統沒有中斷。

我的童年住在兩條河之間，水生植物很多，常常下了課，在田裡拔茭白筍，就生吃，韻味無窮。菱角、蓮藕臺灣都多，母親做菜也喜歡加荸薺，粵語叫「馬蹄」，深栗色的外皮，裡面很清脆的瓤。母親做珍珠丸子、獅子頭，都加荸薺，讓肉餡鬆脆，多一層口感。

蓴菜臺灣不多，總是在書裡讀到張翰做官，聽秋風起，想念南方故鄉蓴菜，就辭官回家吃「蓴菜鱸魚羹」。

那個故事成為經典，「蓴菜鱸魚羹」，民間小吃，救贖了一個差點被官場淹滅的人。

我問了小金處，他們很願意分享，讓我公開那一個晚上「水八仙」宴席的菜單：

一，糖藕

二，毛豆炒菱角

三，蝦仁炒荸薺

四，水芹炒香乾

五，茭菰紅燒肉

六，茭白炒鱔絲

七，蓴菜蛤蜊羹

八，桂花雞頭米甜湯

都不是特別的什麼大菜，有肉，有河鮮，但還是以素菜為主。這也是我「蔬食」的觀念，不刻意避葷，讓葷素自然搭配。

八種當季水生植物，做成八道菜餚的一席晚餐，彷彿真的是八仙水上凌波微步而來，全無心機，卻讓人無限珍惜，天意盎然。

想起「水八仙」，希望疫情快快結束，下一個秋天，再到小金處坐一坐。

二〇二二年十二月節氣大雪

蔣勳於八里米倉村淡水河畔

前言
讓人感覺幸福的傳統上海家常菜

什麼是上海菜？在未嫁入上海家庭時，我對上海菜一點也不了解，甚至很少接觸。嫁到上海後，我反而有了更多的疑惑，當我吃到一些菜以為是上海菜時，身邊的人又告訴我：這是寧波菜做法，這是蘇州菜做法，這是淮揚菜……，彷彿大部分的上海菜都有它的料理祖籍背景。

在經過了很多年後，我才逐漸明白了一些所謂的上海菜。

如今繁華的上海，從歷史角度來看，真正繁華發展的時間不長，並不像臨近的蘇州及杭州有著很長的歷史，擁有根深柢固的飲食根基與文化。上海的發展一開始原是隸屬於松江府，當時的外灘僅為一個漁村，直到清末轉變成租界才開始有了大的變化及建設，到現在也不過兩百年不到的時間。當一個城市發展迅速後，經商的人也變多，晚清時徽商沿著新安江進入了江南許多城市，也將部分的徽州菜帶入江南及上海，而後寧波、紹興、蘇錫幫及各地商人都分別進入上海的商界，商業興起，餐飲業也自然蓬勃起來。除了大陸各地人集聚上海外，還有租界的外國人，以及當時很多落難的猶太人逃離到上海，也讓上海形成了不同租界的特殊文化。

然而，飲食是生活的最基本，無論到哪裡，人們總會把自己家鄉的飲食習慣一同帶去，逐漸的，上海有了各種不同的口味融入到日常生活中：紅燒為主的徽幫菜，寧波的海鮮，紹興的梅乾菜、糟及發酵食材的臭料理，蘇州、無錫的甜等等，不同口味的菜混合在上海的餐廳及家庭裡，於是原本沒有主要傳統菜系的上海融合了各地菜系的做法，連外國人的習慣也帶給上海本地人飲食上的改變。

在這本書中，我經常會提到蘇州。上海離蘇州很近，受到蘇幫菜的影響很大，因此我們常見的一些上海菜裡，非常多的起源都是蘇州菜。許多朋友對於上海菜的認知就是「濃油赤醬」或「比較甜」、「比較油」，其實這不是一個絕對。上海菜最注重的是「季節性」與「本地食材」，他們常用「鮮到眉毛掉下來」、「打耳光也不肯放」，來說明食物的鮮，「鮮」在中式料理中是一個極致的追求，也是上海人最喜歡的。

上海菜的調味不像川菜、湘菜或其他菜系，有很多的香料或複合型調料的添加，是比較忠於原本食材味道的料理，即便是濃油赤醬也要吃出食材的原味。但又由於上海是一個外來人口居住較多的城市，因此每家做出的上海菜也不盡相同，像祖籍寧波的上海人，帶寧波口味的上海菜比較偏鹹；祖籍無錫的上海人口味則偏甜；而我則是嫁到一個由上海籍的婆婆及蘇州籍的公公組成的家庭裡，因此做菜方式自然也就偏向本地上海加上蘇州口味的上海菜。

認識先生，也是個機緣，十六年前我曾經來上海短期工作一個多月，當時找了在臺灣認識的一位上海畫家見面，而初認識了先生及他的朋友們，之後因為返臺也就沒有再聯絡。直到二〇〇九年，我結束北京工作後再度回到上海工作，才又聯絡上這一些上海友人。當時的我只關注在工作上，而我的上海友人一直覺得我和先生很適合，他也沒有多說，就安排了朋友聚會，又說先生做菜很好吃，找了一個時間大夥去他家吃飯。

那是我第一次去真正的上海人家裡，還是舊時法租界區的老房子。我對一切都感到好奇，包含他做的上海菜。那一天用餐結束後，他送了一包冬日才有的崇明島小菠菜給我帶回家。當時的我，正在安排返回北京工作的面試，在等待的時間裡沒什麼事，先生就說：在你返回北京之前，我可以帶你逛逛上海。於是他帶著我「走」上海，用行走的方式看上海，安排不同的路線，說建築，說歷史，最後當然就是吃，有時候在外面吃，有時候到他家吃他做的菜。漸漸的，我發現先生是一個很適合一起生活的人，相處起來很舒服。週末時，我隨他去他父母家吃飯，這是他們家的傳統，週末一家人需要一起聚餐，從下午聊到晚上，邊吃邊聊，這個傳統直到我們做餐後才開始改變時間。當時，我的公婆留意到了我的不同，因為先生雖然也常帶臺灣友人去公婆家吃飯，但每週都帶我去，這意義可不一樣。經過了一年多後，我們結婚了，對於彼此都晚婚的我們，是一個新的開始。

做餐飲，是在我未嫁給先生之前，他就

想要做的一件事。只是家裡一直持反對意見，主要是怕先生一個人忙不過來，怕他賠錢。從二〇一二年開始，我們開始張羅這件事，二〇一三年下半年開始了我們的私廚，當時第一餐的客人，還是一位臺灣友人邀請了復旦大學的教授、作家王安憶夫婦及其友人一起來用餐。

很多人都很好奇我們的客人來源，因為我們至今也不主動對外宣傳。雖然先生在結婚前就有很多朋友來家裡蹭飯，也不斷希望他能開餐廳，但是先生說如果要做，他不想用餐廳的模式做菜。所以我們想到了私廚的模式，一天只做一餐、一餐僅一桌的模式，不外找廚師，而由我們親自做給客人吃。同時我們也不刻意做朋友的生意，正式開業也沒有邀請朋友來用餐，我們一直堅信，好的口味才是真正做餐的底氣。

至於環境，在開始做餐時，就打算是做比較私密的家庭用餐環境，所以我們選擇在家做餐，就像是到一個老上海人家裡吃飯一樣的氛圍，沒有刻意的裝飾，希望是讓客人以安靜舒適及好好享用食物的方式用餐。許多臺灣友人也都是第一次進入老上海人的居住環境，非常好奇；而老上海人則想到小時候曾經住過的老房子，總說像是回到外公外婆家吃飯的感覺。

平日做餐主要是先生做主廚，我做醬料，並負責安排菜單，做部分前菜，切配及招待客人。我和客人接觸多了，有了許多上海菜的交流，反而是一些老上海人告訴我許多食物的故事，讓我更了解許多上海菜；一些老上海人來用餐，吃到一些菜就驚呼說：「這是小時候吃的味道。」這也就是先生想做的味道，他從小是外婆帶的，外婆很會做菜，他跟著外婆吃過很多老式的上海家常菜，但是現在餐廳的做法已經不一樣，因此他仍想延續這種傳統味道，一道道可以天天吃的菜，一道道久久沒吃就會想念的菜。

記錄上海菜及食材，也是經營私廚幾年後開始想做的事情。由於每次客人用餐時，我都會一一介紹每道菜的食材或醬料，逐漸的，許多客人也問我：能不能有文字及圖片紀錄？於是我在網路上開了一個公開頁面，記錄生活上的飲食。而後出版社來詢問我是否能出書？出書對我來說也是個挑戰，重新整理了這十二年來在上海生活的紀錄，最終決定以「食材」為主題來呈現上海飲食的季節性。

許多朋友問我：做菜對我們的意義是什麼？我想那就是我們對生活的持續熱情，吃的是沒有裝飾、不顯花俏的家常菜，雖看似平淡，卻是我們一份份心意，想把好滋味留給客人，就像經常會想起小時候母親做的菜一樣，那種深藏的味道在心中磨滅不掉。看到客人很開心地吃，甚至很多年輕的客人告訴我：「來用餐之後，想學做菜，想結婚，對感情重新認識，想要像你們夫妻一樣的生活……。」我很高興他們這麼說，能找到讓人感覺幸福的食物及伴侶，應是人生最快樂的事。

最後，完成這本書，要謝謝先生、公婆，以及許多朋友、客人，他們讓我認識了更多的上海及江南，並且還想繼續發掘更多的美食；特別是我先生，除了做菜，還要幫我拍照。同時我也想把這本書獻給我九十六歲的父親，年邁的他不能到上海看我的生活狀況，因此以這本書記錄我們的日常生活，讓他更了解他的女兒在上海的一切。

卷一　日常飯麵小點

菜飯在上海人心目中有不可取代的重要性，
它是帶有每個人家裡祖傳味道的飲食習慣。

菜飯與黃豆豬腳湯

自己第一次接觸上海菜及菜飯，應該是二十多歲時和朋友去臺北隆記上海餐館吃飯，最初的印象是聽說「菜飯」是上海特色食物，似乎到上海餐館吃飯，必須點上一碗菜飯才是來過上海餐館，就像是個儀式。好奇心驅使下，自然想嘗試看看；當菜飯上桌時，第一眼的認知就是青菜和飯而已，當時吃後真沒覺得菜飯有多特別。對於自小習慣吃白飯的我來說，一直喜歡的是白飯配菜，不喜歡飯裡有很多菜及汁水。

直到我嫁到上海，接觸了許多上海朋友後，才發現原來菜飯在上海人的心目中有不可取代的重要性，它是帶有每個人家裡祖傳味道的飲食習慣。

【菜飯】

上了一點年紀的上海人，像我婆婆那一輩的人會把菜飯說成「鹹酸飯」。這種說法普遍認為是來自於上海浦東川沙，南匯地區方言中的「鹹酸」，就是「有滋味」的意思；過去會把白飯稱為「淡飯」，而加菜加肉就等於是有味道的、「好吃的飯」，這是鹹酸飯的一個說法。還有另一說法是：因為以前上海人家條件差，大米不夠吃，只好多加蔬菜充數，吃菜飯反映了當時生活的拮据和寒酸，故稱之「鹹酸飯」。不過如今鹹酸飯多是老一輩的上海人才會這樣稱呼，現在年輕人還是說菜飯。

其實，菜飯在江南許多地方都有，只是一說起菜飯，多數人還是想到了上海；不過上海菜飯的源頭卻不是上海本地開始的，而是從安徽傳進來的。

上海菜受到安徽菜的影響很大，主要還是因為早期徽商從新安江走水路到江南經商，將徽州菜帶進了江南各地。根據記載，清代光緒時期的上海，許多茶樓及飯店都與徽商有關，目前仍位於老西門的「大富貴」在一百年前是徽州菜館，後來徽商在上海逐漸沒落，大富貴也從徽菜館變成了上海菜館，是目前少數還留存有徽菜歷史的老飯館。到如今，上海的許多本幫菜館，依舊是安徽廚師占最大比例。

上海菜飯也是這樣從安徽傳進了上海。不過，上海有很大的包容特色，能讓各種文化、各種飲食進入上海，但同時也能把它們轉變、融合成自己的文化及飲食習慣。舉例來說，如今在上海非常普遍、滿街可見的「菜飯骨頭湯」小店，嚴格說來是屬於安徽菜飯。然而，即便這些安徽人在上海開的「菜飯骨頭湯」小店已成了菜飯的街頭標誌，對於上海人來說，卻依舊不是他們所認知的上海菜飯。

上海街頭的菜飯骨頭湯小店

大部分的上海餐廳做的菜飯多以「菜炒飯」為主，安徽菜飯也是如此。但上海正宗的傳統做法是把青菜鹹肉

外頭餐廳的菜炒飯

和生米一起下鍋，這種燒法會讓菜與飯的滋味融合在一起，味道和炒飯不同。不過，上海人燒出來的菜飯，燜久後青菜的顏色會被燜得黃黃的，特別是小青菜（臺灣稱青江菜）。餐廳若用這種方法做出來，賣相會不好，所以現在多是米飯煮好，青菜鹹肉炒好，最後再一起拌炒，以保持米飯粒粒分明，青菜翠綠。這類的菜炒飯對我來說，其實就是炒飯；曾經去餐廳吃過一兩次的菜炒飯，有些餐廳的菜飯，那個油啊！導致我後來都不喜歡去餐廳吃菜飯。

上海人真正喜歡吃的，是上海菜飯，而不是安徽菜飯。早期上海人在家裡燒菜飯都是用鐵鍋來做，燜飯時間一長就會有鍋巴，上海人稱「飯糍」或者叫「鑊焦」，這個是上海人最愛吃的。我曾經在去桐廬度假時，用農家的大灶做菜飯，那種柴火燒出來的菜飯，其香無比，特別是大鍋裡的鍋巴，大家都搶著吃。如今城市裡的家庭是使用電鍋來做菜飯，想要有鍋巴就比較難。

根據一些長輩告知，目前在上海的餐館裡，唯獨福州路、浙江中路的「老半齋」還是用鐵鍋來做菜飯，有些人就為了這麼一碗上海菜飯遠道而來品嘗。為此，我也特別去吃一趟。老半齋只有中午才提供菜飯及一些菜色，第一次

自家做的有鍋巴的菜飯

去時是十二點左右，菜飯居然已經賣完；第二次再去，十一點多到，已經人滿為患。老半齋的菜飯的確有鍋灶味，卻看不到鍋巴，菜飯裡的鹹肉也極少，當我正邊吃邊疑惑時，同桌的一對上海老夫妻和我們聊起來，說他們來吃麵之外，主要是來買鑊焦菜飯，他們打開打

1 | 老半齋的菜飯、骨頭湯
2 | 打包的鑊焦菜飯

包盒給我們看，真的是滿滿的鍋巴，老夫妻告訴我：如果不早來買，是買不到的。我一直以為老半齋出名的就是「刀魚汁麵」，沒想到菜飯才是這家店午餐最重要的賣點。

在上海不同地區，菜飯裡放的青菜也不同。大部分的上海家庭最喜歡用的是萵筍葉（就是臺灣的菜心葉），萵筍葉有萵苣素，略帶苦味，如同臺灣的A菜，有些人不喜歡；如果不喜歡，可以在炒之前用少許鹽巴略醃一下，可去苦澀味。崇明島地區有的會放白扁豆，寶山、浦東地區立夏時會用豌豆或蠶豆做菜飯，稱之為立夏飯；還有會用草頭乾（冬天的一種蔬菜，蒸過曬乾）、長豆、香腸、芋頭等等，不同的人家有不同的食材。曾聽一位上海朋友說，在她住的浦東鄉鎮裡有個傳說，正好發生在她鄰居家：那鄰居得了嚴重的肝病，近似於絕症，因為沒有錢看病，於是拿春天盛開的蒲公英野菜（蒲公英顧肝），整株帶根帶花地做菜飯，天天吃，吃了一個月，沒想到鄰居的病居然好轉了，於是成了鄉鎮的傳說故事。

上海還有一種魚菜飯，現在很難吃到，也很少人做了。每年清明前，正值刀魚洄游到長江的時節；過去長江刀魚很多，農家會將捕上岸的刀魚釘在大灶的木鍋蓋內，以柴火大灶煮飯的時候順道一起蒸，隨著時間過去，魚逐漸熟透，魚肉會掉到米飯上，蒸好後，木鍋蓋上只剩一條魚骨骸；把掉到飯裡的魚刺挑一挑，就可取出食用。不過這樣的做法沒有任何調味，於是必須趁熱再倒上蔥花、淋上醬油及豬油拌一拌，就成為「刀魚飯」。如今很難吃到，是因為長江刀魚價格昂貴（為了恢復生態，現在長江已禁捕），而海刀與湖刀都沒有長江刀魚美味，如果想吃這魚菜飯，在上海可以用一些刺少的昂刺魚或鱖魚來代替。

菜飯應該是這幾年我們做餐中最受歡迎的主食，無論是本地人、外國人還是臺灣人，菜飯對大家來說就是個上海菜的標配；臺灣人喜歡一開始就吃菜飯邊吃菜，上海人吃菜飯則是在餐後最後吃，有人喜歡淋上濃油赤醬的肉菜汁，有些人則喜歡放一勺辣椒醬拌著吃。

自家的上海菜飯也是傳自於先生的外婆，與外面餐廳賣的不同，選用的青菜不是青江菜（上海人只有在冬天才喜歡用上海青，蘇州人則用香青菜，這兩種菜在冬天的時候，吃起來厚糯甜），最常用的是大部分上海人家裡最愛用的萵筍葉，再者是薺菜（初春及冬季），或者是菊花菜（春、夏及初秋季），不同的季節選用不同的青菜做菜飯，讓菜飯有獨特不同的菜香味。再配上鹹肉及黃豆（老式傳統的上海菜飯才會用到黃豆），讓菜飯充滿各種香氣，口感也不同，特別是用豬油炒，更是上海人的最愛。

婚後第一次回臺灣時，先生吃到母親採摘曬過的馬告，這是原住民才會用的香料，他突發奇想用在菜飯中，做出來的菜飯隱隱約約中有著檸檬香茅、馬告的特有香氣。回上海後，我們偶爾會這樣做，大多數客人始終吃不出來，只覺得菜飯有特殊的味道；直到有一回，一位重慶客人問我：這菜飯裡是不是有放香料？味覺敏感的客人，還是厲害。這是自家先生做的菜飯味道。

上海菜飯（6 人份）

食材：白米一碗半，黃豆 25g，鹹肉 100g，A 菜一把（或青江菜或其他菜皆可）
調料：植物油（或豬油）
做法：

① 黃豆先浸泡 3 小時左右，瀝乾水分；白米洗後瀝乾水分。
② A 菜洗淨去水分後切末，鹹肉切丁。
③ 冷鍋冷油入黃豆慢慢煸炒，炒到黃豆已酥黃、冒出豆香味後，放鹹肉煸炒，最後再放切末的菜一起煸炒，關火。
④ 將③煸炒後的料倒入洗好的米中拌勻，依據不同的米及電鍋來調整水分多寡，入電鍋蒸煮即可（也可以用砂鍋做，時間控制好的話，可以做出鍋巴）。

備註：

① 根據人數來決定米的用量。
② 鹹肉不必切得太細小，上海人喜吃鹹肉，不會把鹹肉切得過小；若沒有鹹肉，可以用香腸、臘肉代替。

記得有一次在臺北教上海菜料理課程，有一個學員把菜飯的圖片放在網路上，下面有人回應：這鹹肉切得也太大了！在當時確實也是料理教室的刀太鈍，切得比較大塊；但其實在上海人家裡，從來不會把鹹肉切得很小，因為上海人很愛吃鹹肉，它在菜飯中扮演的角色不只是增香調味而已，而是代表著肉。有些上海客人告訴我：他們家裡的菜飯除了鹹肉外，還會放鮮肉，因為菜飯不僅僅是主食，還具有同時吃菜的功能，這樣就可以不用再多煮菜。所以家裡的做法不會像餐廳或小店那樣，把鹹肉切得小到看不見。

鹹肉菜飯說起來算是不複雜的主食料理，卻承載了每一個老上海人在弄堂裡生活的味覺記憶；每個家庭都有媽媽或外婆的鹹肉菜飯的方子，一碗油潤香糯、清香撲鼻的菜飯端在面前，不需要別的配菜，卻讓人吃了還想再吃，這就是心中想念的味道。

【黃豆豬腳湯】

在上海「菜飯骨頭湯」的小店裡，菜飯通常會配上一道菜及一道湯，這樣的組合被稱為「客飯」，它成了許多打工者可以盡快解決一餐的簡單選擇。菜有不同的選擇，湯則多數為骨頭湯，骨頭湯是用棒骨小火慢熬出來的，一定要放一些黃豆，有的店家還會加百頁結。據說，黃豆肉絲湯也是上海傳奇人物杜月笙最喜歡喝的湯：年輕的杜月笙在十六鋪碼頭打工時，碼頭的小菜館總會提供這道湯，在當時能吃到黃豆已經是不容易的事；直到後來，杜月笙發達了，他依舊喜歡喝黃豆肉絲湯。

在四〇年代時，本幫菜館中黃豆豬腳（肉

菜飯搭配黃豆骨頭湯

絲）湯是主要的湯品，現在卻很少能在餐廳見到。這湯看來極為簡單，卻是難燒，因為黃豆雖是有鮮度的食材，卻也有一些人不喜歡它的豆腥味，若是單一煮它會有些單薄，需要用厚重或是更有鮮味的食材相結合，才有更好的效果。所以做這個湯，放入的食材數量是重點，如果食材太少，時間、火候不到，黃豆就不夠酥爛入味，味道也不夠好；煮到酥爛的標準就是黃豆入口一抿就化。

早期上海老餐廳做這個湯很複雜，先是將黃豆泡開洗淨後開始煮，黃豆一定要是大黃豆、大青豆，不能是小黃豆（小黃豆是做豆漿的），鍋裡需要放豬骨，少許火腿、雞爪、豬肉皮，加上五倍的清水大火燒開後去浮沫，小火煨五、六小時左右，然後把黃豆撈起來；因為黃豆量大，這樣的湯煮出來的豆腥味重，並不取用，其目的主要是把黃豆煮熟並吸附肉味。然後另外再用豬腳及一些肉燉成湯，再把撈出來的黃豆倒入湯中混合一起，才成為「黃豆豬腳湯」。最重要的是，最後一定要撒青蒜末才算完成，也有餐廳還會淋上少許醬油入湯。因為太麻煩，現在很少餐廳會用這樣的方法做，而是改用砂鍋直接燉煮。

有一年一位客人訂餐時，他說他的朋友指定要吃菜飯及黃豆豬腳湯。一般我們不太做豬腳湯，主要是有些客人不太吃豬腳；當我告訴先生客人的要求，先生開玩笑對我說：這位客人很像父親的一位下屬，每次到哪裡都要吃菜飯與黃豆豬腳湯。到了做餐的那天，才知道點這道料理的客人居然真的就是父親的下屬！那位客人說：難怪我說這裡眼熟，好像曾經來這裡吃過飯！

家常黃豆豬腳湯（6~8 人份）

食材：黃豆 100g，豬腳 500g，豬骨 6 塊，金華火腿 20g，薑片幾片，青蒜

調料：鹽

做法：

① 黃豆泡一晚上。

② 將豬腳剁塊，豬骨、豬腳焯水。

③ 豬骨、豬腳、金華火腿、薑片、黃豆放入水（要多）中，用大火燒開後，以小火慢燉 5、6 小時左右，到黃豆酥爛。

④ 撈出豬骨，調味放鹽，撒上青蒜末即可。

備註：

如果不想做豬腳湯，可以先用大骨、雞腳及黃豆熬湯，然後把骨頭撈掉；將肉絲用油煸炒（若要嫩可以先上漿），倒入湯中滾一下即可。

泡飯與菜泡飯

【泡飯】

剛結婚時，早上一起床，問先生想吃什麼？他總是吃泡飯。

上海人對於泡飯彷彿有個情結，每天一早總習慣拿昨天剩下的飯，直接用滾水泡上幾分鐘或者加水微波一下，不能泡了馬上吃，一定要等溫度不燙口的程度才食用；只有那種似熱非熱、似粥非粥、粒粒分明的才叫泡飯，沒有白粥的黏糊。

泡飯在江南地區是常見的吃法，在宋代《東京夢華錄》中就提過「水飯」；而後《紅樓夢》也都提到了茶泡飯及湯泡飯。即便泡飯在過去歷史有文字記載，但上海人拿泡飯作為早餐的習慣，也是因為時代與環境而產生的。

在六〇年代之前，很少上海人家裡有冰箱，晚上多燒的米飯沒吃完，夏天會放在竹籃裡吊起來，冬天就放在窗臺上，所以到了隔天早上，米飯也變得比較硬。當時也不是家家戶戶有煤氣，做菜燒水都要先燒煤球爐，那時候還有老虎灶（專門提供熱水的地方，大的老虎灶還提供泡茶、洗澡處，現在已無），許多人家不會自己燒熱水，都是直接去老虎灶打熱水送到家，或者拿熱水瓶去裝（當時一瓶熱水二分錢左右），可用於平日飲食及洗熱水澡。如果是住在農村，做飯習慣則用大灶柴火燒，早餐都是以飯與粥為主；而住在上海城區中需要趕公車騎車上班的人，早上沒這麼多時間燒飯熬粥，會在前一晚多煮一些飯，早上一碗泡飯，熱水瓶一倒、開水一泡即可，既簡單方便，又省錢省事；有點時間的人就可稍微煮一下，蘇州人稱這個為「飯泡粥」。有意思的是，在上海閒話中，也把說話嘮叨的人稱作「飯泡粥」。

在上海人心中，泡飯配上醬菜也有各種「花頭」（上海話，是「花樣、花招」的意思），最普通的基本是配上鹹蛋、玫瑰乳腐（上海習慣將腐乳稱為乳腐；玫瑰腐乳是腐乳的一種，加入玫瑰花瓣，江南很多地方都有產，各地滋味略不同）、醬瓜或榨菜，講究的會再來油條沾醬油，或剪一段段放泡飯裡的都有。祖籍不同的上海人搭配也不同，譬如：寧波籍的上海人還會配上黃泥螺、寶塔菜；蘇州人配上太倉肉鬆，有些更豐富的甚至還會炒個鹹菜炒筍絲、鹹菜毛豆子。這些配泡飯的各種醬菜，上海有專門的醬菜櫃在販售，直到現在，早晨的醬菜專櫃前依舊是大排長龍的老上海人。

說到泡飯，就想起一位上海朋友提過，他的父親早餐都不要子女準備，老父親有自己的吃法：每天早上用一個大盤子，上面有各種醬菜來搭配一大碗泡飯，還端到陽臺一個人慢慢地享受自己的早餐。這也是上海人的個性，雖然是小日子也要過得有「腔調」（腔調常被上海人拿來表達各種意思，這裡指的是對自己的生活細節有要求）。

問過許多上海朋友，為什麼上海人喜歡吃泡飯？大多數人都沒想過這問題，只說從小父母就是這樣，特別是早上起床來不及做早餐時就會吃泡飯，不用出門買早餐就能解決一餐；又說，白泡飯就是比較清爽，早上吃舒服；並且憶起他們小時候無論吃了什麼早餐，最後總想來碗泡飯，長輩們怕小孩不消化，會拿飯鍋底的鍋巴做泡飯（鍋巴有厚腸胃、助消化的食用功效）。一位上海友人說：小時候外婆會用各種湯水做泡飯給她吃，印象中最特別的一次，是用橘子汽水來做鍋巴泡飯，吃起來酸甜酸甜，那是她小時候記憶中最好吃的泡飯。

有次我們在過年前做了衝菜，拌了一些給上海朋友嘗嘗，他們第一句話問我：這有放芥末嗎？第二句話又問：有沒有白飯啊？我想把這衝菜做泡飯吃。這種生根在上海人家庭的飲食習慣，無論經過幾代始終沒有改變。

而我，依舊是早上一杯現煮咖啡配上麵包，夫妻二人在餐桌上吃著各自不同的早餐；結婚到如今，我依舊沒有一早吃泡飯的習慣。每次看著先生津津有味地吃著泡飯，我總想起小津安二郎的一部電影作品《茶泡飯之味》。電影中的夫妻有不同的生活態度，女主角一直嫌棄來自鄉下的先生喜歡吃茶泡飯，不能理解茶泡飯的好吃在哪裡？男主角回應太太說：婚姻就像茶泡飯。男主角對於婚姻抱持著如茶泡飯般、簡單平凡的生活態度，女主角對此不滿而出走，之後逐漸了解丈夫，最後，在一起吃茶泡飯中得到互相的理解。

就在我近日重感冒發燒吃不下東西時，先生問我：想吃什麼？我竟脫口說出了「泡飯」二字，自己也很訝異。從餐桌上找出榨菜、鹹蛋搭配，我突然理解到泡飯吃起來的「清爽舒

家常的泡飯

適」；一週內我吃了三次泡飯，用各種不同的醬菜搭配，發現這也是一個樂趣。也如同《茶泡飯之味》電影裡的結尾一樣，看似平平淡淡的生活滋味，卻是互相依賴的彼此。

【菜泡飯】

剛住上海時，經常聽上海朋友說起菜泡飯，而且總是在一起用餐快到結束時說：如果這時候來碗菜泡飯就完美了！我一直以為「泡飯」與「菜泡飯」是一樣的，後來才知道原來不同。

上海朋友這樣告訴我：「泡飯是為了在早上急急忙忙地解決一餐，因為是早上，要吃得清爽舒服。特別是夏天天熱，以前家裡沒有空調設備，泡飯正好沒有油膩感；配料是醬菜，但吃著吃著往往醬菜反倒成了主角，配上泡飯顯得特別好吃。再者，泡飯是用剩飯做，是自己家裡吃的，不給外人吃的。而菜泡飯通常是用剛煮的新飯來做，菜泡飯就像吃麵一樣，是時間略空閒些，又想簡單解決一餐時的選擇。特別是中午，怕食物太多會吃不下，若只吃一小碗泡飯，下午又容易餓（上海人普遍飯量都不大，許多人晚上不吃米飯，特別是女生），就會用昨天剩下的菜放入滾水中，或者加上一點肉、蝦米或蝦皮、香菇、青菜，再將飯放進去煮開即可。」

與粥不同的是，菜泡飯並不煮得很爛，它和泡飯還是接近些，依舊是似飯非飯、似粥非粥、顆粒分明的湯飯。

江南的菜泡飯做法大致上差不多，是先做好菜湯才放飯，據說淮揚的菜泡飯則是相反，是飯湯裡加菜再煮。在蘇州則叫「鹹泡飯」，

蘇州餐廳的鹹泡飯

除了米飯之外，輔料多是青菜及鹹肉，餐廳裡經常能看到。

如今許多上海街邊點心因為城市化逐漸消失，部分傳統飲食習慣不像過去都在家裡料理，反倒成了一個懷舊的菜色。菜泡飯也是如此，一些上海餐廳還會特別做菜泡飯作為主食，甚至用上更豐富的料，如龍蝦、海鮮這些花頭，來做這道懷念的上海舊食。但對真正的上海人來說，還是簡單樸素的菜泡飯，才是他們的心頭好。

上海菜泡飯

食材：煮好的米飯，青菜，蝦米（或蝦皮），菇類

調料：鹽

做法：

①香菇泡好，切片或切粒皆可。

②鍋中放少許油，爆香香菇、蝦米後，放水煮開。

③放青菜後，湯略微開，倒入熟米飯煮開，用少許鹽調味即可。

備註：

米飯按人數準備，想要多一點料亦可，可隨家裡的食材做變化。

餛飩三吃

臺灣印象中的菜肉餛飩，都帶著「溫州大餛飩」的標籤，所以先前我一直以為大餛飩是溫州特產。直到來上海住之後才知道：原來大餛飩不屬於溫州，溫州餛飩實際上是皮薄、比小餛飩略大些的餛飩；而菜肉大餛飩才是上海人、蘇州人日常飲食中的最愛之一。

餛飩的歷史很悠久，早在西漢揚雄的《方言》中便提到「餅謂之飩」，餛飩是餅的一種，差別為其中夾內餡，經蒸煮後食用；若以湯水煮熟，則稱「湯餅」。西漢時，還沒有餛飩與水餃的區分；直到唐朝，南方才有了「餛飩」這個名稱。餛飩主要是江浙一帶的稱法，在各地也有不同的稱呼，四川、重慶一帶叫「抄手」，福建、臺灣叫「餛飩」，廣東叫「雲吞」，湖北、江西一帶叫「包麵」。

在上海、蘇州一區，餛飩遠比水餃來得重要；儘管幾個重要的節氣，在北方地區經常說到要吃水餃，但上海人依舊偏愛餛飩。二者差別其實不算大，餡料上也不易對比，各種口味都有，也就各有不同的滋味。

真要說差別，一是麵皮的不同。水餃皮和麵時，需要讓麵團醒後略發過，揉成圓形壓扁後擀皮，中間較厚、周圍薄，最好是現擀現包；而餛飩皮則是和麵後直接擠壓，用機器切割方形，一般家裡比較難做到，都是買現成做好的。

1｜黑皮
2｜盛興的「全家福」，即餛飩與湯圓混吃。餛飩皮呈黃色、有韌勁

上海有的餛飩皮裡會加全麥麵粉，稱這種皮叫「黑皮」。黑皮餛飩皮不是每家賣麵條的店都有，在老西門順昌路、合肥路口老字號的「華良切麵店」（二〇二二年因城市改造，店家已搬離到別處）一直有售，晚去則無；有的餛飩皮還會加較多的鹼，特別在夏天，是為了防止天熱麵團走酸，這樣的餛飩皮略帶黃色，口感比較有韌勁，有些上海人特別喜歡，一些傳統的餛飩湯糰店也都這樣做，如盛興百年老店。

二是兩者吃法不同。水餃是不帶湯食用，通常還配有蘸料或者蒜頭；若想喝湯，最簡單的方式則是在煮過的水餃湯中撒上蔥花或少許蘸料。小時候母親總說喝點煮過的水餃湯可以幫助消化，所以從來不會另外煮湯配水餃。而餛飩不僅僅是餡料，對於湯底也比較講究。

上海的餛飩還分成小餛飩與大餛飩。小餛飩主要是喝湯，餡料不多，湯底是以雞湯或高湯來吊鮮，通常會在點生煎時，配上一碗小餛飩當作湯，肚子餓時當作點心食用。早期有

1｜小餛飩配生煎
2｜蘇州泡泡餛飩

一種餛飩被稱為泡泡餛飩，上海現在比較少見，蘇州仍多見。泡泡餛飩又比一般小餛飩更講究，講究的是皮薄到透明（現在多是用機器做，沒以前薄），餡料必須少，這樣下鍋才能極快燙熟，舀到已經盛好的高湯碗裡才能呈現鼓氣的樣子。趁麵皮還沒變爛時趕緊吃是最美味，如果放久了，對上海人來說，麵皮糊了這餛飩就不好吃，也就不用吃了。對我來說，泡泡餛飩跟臺灣的小餛飩很像，同樣是麵皮很大張、餡料很少，只是包法及煮法不同，呈現的感覺也不同。

而大餛飩主要是吃餡料，大部分會當作早餐或三餐中的主食，所以也是上海人家裡最常吃的一道料理，通常是一家人一起圍著餐桌邊包邊下餛飩，吃多少包多少；吃餛飩時不再多做菜，配上一些小菜即可。大餛飩最常見的餡料主角除了豬肉末外，就是小青菜（青江菜）或是薺菜；特別是薺菜，上海人最愛吃的就是薺菜餛飩，薺菜有獨特的野菜香氣，春、冬二季是吃野薺菜最好的季節。當然也有其他口味的餛飩，如比較常見的三鮮餛飩，而我們自己在不同的時令季節也會做不同的口味，如香椿

餛飩三吃

芽餛飩、槐花餛飩、蟹粉餛飩等等。

餛飩的好吃在於餡料的調味。從小到大我都不愛吃餛飩，直到我吃了婆婆做的薺菜餛飩後，才體會到好吃的餛飩之鮮美。婚前有一回去公婆家用餐，我像餓死鬼般地吃了二十幾個大餛飩，當時未嫁的我，就在未來公婆的心裡被貼了一個標籤：這女孩胃口很好、很會吃。後來聽聞另一個臺灣朋友在公婆家一次吃了四十個餛飩，我這食量也不算什麼了。

二〇二〇年初返臺時，因為遇到了新冠疫情多停留了一些日子，於是我向臺灣朋友預訂了臺灣種植的大葉薺菜，雖然不像上海野生的這麼香，但我想做給家人嘗嘗，一家人一起學著包上海餛飩。結果在我要回上海前，父親還和我提起薺菜餛飩的美味，說這是他沒有吃過的味道。

有一種口味的餛飩只在春季清明前時才有，那就是「刀魚餛飩」。刀魚是長江三鮮之一，牠是洄游魚，每年到了春天清明前會洄游到長江產卵，也是一捕撈上岸就死的魚，魚身不大，型似刀，於是稱為刀魚。過去每年清明前是最佳享用的時間，這段時間的刀魚魚刺軟，肉質鮮嫩，只需放點豬油及蔥薑清蒸，就能體會河鮮之最鮮。不過就是刺多，很多臺灣朋友都不敢領教。再者是刀魚價高，曾經貴到一斤幾千元人民幣；價格隨大小有所不同，一般普通二兩（一百公克）一條，在餐廳也要八、九百人民幣左右的價格；價格高低還要看是在哪個水域捕撈，有長江刀魚（最鮮的）、海刀及湖刀；只是如今為了避免長江刀魚的滅種，已經禁捕刀魚。

多年前的三月底，帶了幾位從臺灣來的朋友一起組團，去長江口的江陰吃刀魚及河豚，也吃了刀魚餛飩，大家都覺得無比鮮美。於是回來後，我們也試著自己剔刀魚肉，發現做工極為麻煩，因為刀魚的刺太多。要想把刺取出，有一方法：買一塊豬皮，將片出來的刀魚魚片放在豬肥肉上，用刀背輕輕敲打，細小的刀魚刺會因此扎進豬皮中，再將魚肉刮至一旁。就這樣耗上約二、三小時，不過才處理完幾條刀魚肉。此時的刀魚肉已混有少許的豬肥油，再加上一些豬絞肉及當季的春韭拌成餛飩餡料才完成。

老半齋的刀魚餛飩

食材成本高，加上處理麻煩，也難怪刀魚餛飩價格之高。不過為了這一口鮮，江南人是再麻煩也要吃到。如今我們已不再自己做，刀魚也已禁捕，若想吃，便去市場上少數幾家鋪子買刀魚餛飩餡回家包，或者去一些有賣的餐廳解解饞即可；只不過，既然長江刀魚已經禁捕，那麼現在的刀魚餡料會是長江刀魚嗎？還是拿海裡或湖裡的刀魚來做呢？

去高郵遊玩時，發現當地有很多「餃麵館」，餃麵就是臺灣常見到的「餛飩麵」，一樣做法，只不過在高郵是當作早餐來吃，過了早上十點半後，所有的店家基本上就休息；而上海人吃大餛飩很少會搭配麵條，是以餛飩湯為主，頂多搭配湯圓混合一起吃，同樣是屬於湯餛飩。還有另外兩種吃法，一個是煎餛飩，有些早餐店、餛飩店也會賣；另一個則是夏天的冷餛飩。

煎餛飩一般是在家中，把已下好但吃不完的餛飩拿來油煎，但已下過的熟餛飩在煎時一不小心就容易破。如果是原本就為了做煎餛飩，煮餛飩時便不需煮熟，煮到七、八分熟即可撈起，放入冷水裡冷卻一下後，撈起晾乾，再起鍋放油煎即可，食用的時候沾陳醋吃可解油膩。

最特別的是在臺灣少見的冷餛飩，這是上海人夏天喜歡的吃法，許多麵館、餛飩店、生煎小籠店只有在夏天才會提供。做法也不難：將餛飩煮熟後，放冷開水中撈起，淋上少許油避免黏住，用風扇吹冷；醬料則以花生醬（有些店會放麻醬混合）、熬煮調味過的醬油、麻油、辣油調和，然後淋上冷餛飩即可。不想自已做，去餛飩店吃亦可，冷餛飩裹附著醬料，有完全不同的餛飩滋味。

自家的煎餛飩

麵食館的冷餛飩

薺菜餛飩（40 個左右）

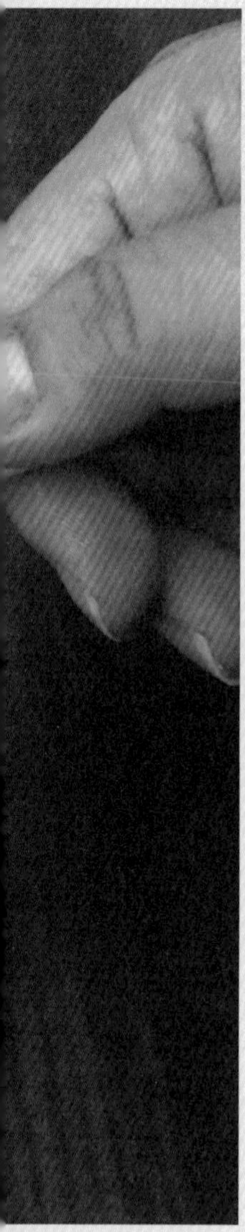

材料： 薺菜（或青菜）一斤，肉末半斤，香菇幾朵，蝦米少許，蛋 3 顆，蔥幾根，榨菜，紫菜少許，薑片一片

調料： 黃酒，醬油，麻油，鹽，糖，豬油，植物油

做法：

① 準備肉末：
選用梅花肉，若自己不剁肉末，可請肉攤直接絞成肉末。加入水及少許黃酒、鹽、醬油後，不斷攪拌肉，讓肉末吸收水分及去腥，靜置，讓肉醒半小時左右。

② 準備輔料（輔料部分可隨自己習慣、當季食材作變更）：
薺菜洗淨後焯水，放涼，擠掉水分切末；
香菇乾泡水後切末；
蝦米用蔥薑水去腥（蔥薑水即為蔥段、薑片放水中浸泡），若蝦米比較大，則切小塊（如不喜蝦米或過敏可不放）。

③ 將輔料放入醒好的肉末中，二次調味，加少許糖、一顆蛋攪拌、最後放少許麻油攪拌即可。

④ 2 顆蛋打散，放少許鹽調味，熱鍋中倒少許植物油，倒入蛋液烘薄蛋皮，待冷後將蛋皮切絲。

⑤ 包餛飩，以吃多少包多少為主。

⑥ 備傳統湯料：少許豬油、醬油、蔥末，淋上滾水或高湯（這叫肉露）；也可以是清湯（即不放醬油）。

⑦ 大鍋倒水煮開後，倒入餛飩煮熟。

⑧ 煮好餛飩放入湯裡，上面撒上蔥末、榨菜末、蛋皮絲、紫菜即可（也可不放）。

備註：

在臺灣，大餛飩皮不是很好買到，在東門市場有一家專門做上海大餛飩皮的店，必須提前預訂。

冷麵與綠豆湯

第一次吃到冷麵時，心裡想：不就是涼麵嗎？為什麼上海人叫冷麵？後來才知道，「冷」這個字在上海話中就是涼的意思，北方人習慣說涼，上海人就喜歡用「冷」，譬如：北方人說「涼水」，上海人會說「冷開水」；又如涼拌餛飩，上海人叫「冷餛飩」，上海話中沒有涼這個字。

冷麵及綠豆湯有什麼關聯？基本上，只要有賣冷麵的麵館幾乎都會賣綠豆湯，並且只在夏天賣，很多人習慣在吃完麵之後，點一杯清爽的綠豆湯來喝喝解暑氣。

【夏日冷麵】

上海人很熱衷吃麵食，這點受蘇州及淮揚的影響很大，特別是蘇州的紅湯麵（即為醬油湯底為主的麵食）在上海很普遍。一般麵館販賣的麵食種類多數是常年有的，唯獨冷麵及冷餛飩是有時間性的，僅在夏天才有，通常是六月中旬左右開始上市，也有的店會在五月初五立夏就開賣，一般供應到九月左右即結束，過了季節後想吃只有等明年，不然就是得自己做。

冷麵在許多老麵館、餛飩店都有。不同於臺灣的涼麵以油麵為主，上海冷麵的麵條是屬於小濶麵，麵條是扁平如韭菜的寬度，做麵條的過程會加食用鹼及雞蛋，放了食用鹼可以中和麵條酸性，讓麵條更可口；再來是因為冷麵只有夏天有，夏天天熱，吃點鹼麵比較好消化。蘇州同樣也有冷麵，在當地有些麵館則是在麵團裡放鴨蛋，麵條吃起來比放雞蛋更有彈性。

上海許多麵館雖然屬於蘇幫麵館，但兩地的冷麵卻不太一樣。儘管兩個地區都稱冷麵為「風扇冷麵」，同樣用風扇吹涼，不是過涼水，不過冷麵的處理方式卻不同：上海會先蒸後煮再吹涼，蘇州則是直接用水煮過後吹涼。上海冷麵之所以不過涼水，也是一個時代演變的過程，據說剛開始是蒸煮後過井水來讓麵條冷卻，但因發生過細菌孳生、吃了拉肚子的事件，而後才改成以風扇吹；經過幾次改良，成了上海獨特的冷麵製作方式。

在調味上兩個地方則完全不同：上海以花生醬為主，和冷餛飩的調味方式一模一樣，是上海比較獨有的冷麵；而蘇州則是以蝦籽醬油、米醋為主，幾乎見不到以花生醬拌冷麵的調味。且蘇州一般分成三種冷麵：蔥油拌麵、蝦籽醬油拌麵及糟油拌麵。其中蔥油拌麵在上海歸類於熱拌麵，麵條是現煮的，蔥油則是提前熬好，煮好熱麵後，放上熬過的蔥及淋上蔥

1｜尚未煮的冷麵
2｜麵館裡的冷麵製作

油、醬油；相反的，蘇州的蔥油拌麵則是麵條為冷麵，蔥油為現做淋拌。至於蝦籽醬油拌麵及糟油拌麵在上海更是完全看不到。而我個人卻很喜歡吃蘇州冷麵，特別是糟油拌麵，少了花生醬堅果類的濃稠味，不油膩、不黏糊，是很清爽的冷麵。

糟油冷麵

當冷麵開始在上海販售，就是預告了酷夏的來臨，凡是有賣冷麵的麵館及餛飩店，夏天一到，就有「冷麵上市」的廣告，也會看到店裡設有一個玻璃隔開的區域，是專門取冷麵及冷餛飩的地方。冷麵的賣法是先有一個基礎的冷麵，再點自己想吃的「澆頭」，價格是分開計算的。沒有放任何澆頭的冷麵叫「清冷麵」，最少的量是二兩；以「兩」為基礎賣，是大陸售賣麵食的方式，也可以買三兩、四兩，只要能吃得下。而「澆頭」就是炒或燒出來的各種料，是提前做好的，客人可選擇自己想吃的料。冷麵最經典的搭配是三絲，上海人的最愛，也可以混合搭配不同的澆頭在一起；除了三絲，我則喜歡點辣肉。

辣肉冷麵

美心點心店的冷麵調料窗口

點冷麵時，都是先點先付款，再拿著點菜單去冷麵窗口排隊拿，可以看到窗口有四種調料：醋、調製的醬油、花生醬（有些店會用少許麻醬調味）及辣油，店裡從不會把它們四種調料融合一起變成一種，而是可隨著每個人的口味來調整。每次輪到我，我都會提醒阿姨：「花生醬多一點哦！」若是點幾個澆頭，我還會交代那些另外裝盤，不要混合。

如果要選臺灣涼麵、上海冷麵及蘇州糟油冷麵，我會先選蘇州，再來是上海冷麵，除了爽口外，麵條很有彈性，還可以依照自己當下的喜好選各種澆頭。

鐘左右，然後取出，用筷子打散開。

④ 把③放入煮開的水並加少許鹽，煮熟後立刻撈出，倒入放少許油的大盤中拌一拌。

⑤ 用風扇將煮熟的麵條吹冷，用筷子挑麵，不能讓它結團。

清冷麵

⑥ 把冷麵放盤中，倒入適當的①、②、醋及辣油，即是清冷麵（這樣就可直接吃）。

⑦ 把炒好的三絲放冷麵上，即為三絲冷麵。

備註：

① 在臺灣選擇雞蛋寬麵即可，調料不需像麵館那樣分開，可以將四種調料調和在一起，須留意的是不能太濃稠，否則不好拌麵。

② 蒸麵時，我習慣放紗布，可以讓麵條蒸軟但不會吸太多水分。

③ 至於澆頭，可以隨自己喜好，上海人也喜歡放烤麩或素雞。

三絲冷麵做法（4 人份）

食材：冷麵 400g，茭白 250g，青椒一個，豬肉 100g，榨菜頭（或大頭菜）幾片
調料：植物油，黃酒，鹽，花生醬，醋，醬油，糖，辣油，水

炒三絲

炒三絲

做法：

① 將茭白、青椒、豬肉及榨菜頭分別切絲。
② 豬肉絲用少許黃酒及少少許鹽巴醃 10 分鐘即可。
③ 熱鍋裡倒冷油，先倒入肉絲炒到變色後，倒入榨菜絲煸炒 1~2 分鐘，再加入茭白絲翻炒，炒 2 分鐘後加少許水燒一會兒，主要是讓榨菜的鹹味釋出，融入到茭白中。
④ 等③燒到水收乾，最後倒入青椒絲拌炒即可（整個過程中大火）。

備註：

① 上海人在夏天也會將炒三絲單獨當成一道菜來食用，冷吃也很好吃。
② 一般外面的炒三絲是不放榨菜絲的，我們家的做法是利用榨菜的鹹鮮代替鹽，如果沒有榨菜頭或大頭菜可以不放，改放鹽。
③ 須留意榨菜或大頭菜的鹹度，斟酌分量。

冷麵

做法：

① 先將花生醬加冷水拌勻（若有麻醬可以加少許，可增加風味，並非必要）。
② 醬油加少許水及少許糖煮開放涼，稍微稀釋鹹度（可按自己的喜好調整）。
③ 將冷麵放入已燒開水的蒸籠裡蒸 3 分

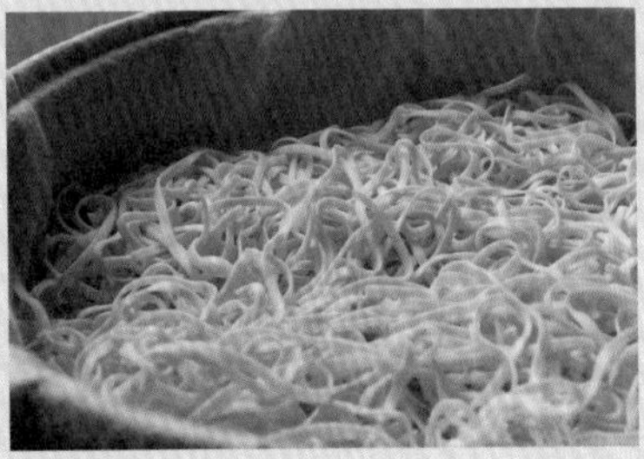
蒸麵

【綠豆湯】

吃完了冷麵，點上一杯綠豆湯，這是許多上海人夏天吃冷麵的習慣。說起來，綠豆湯還會有什麼特別的？一般不就是把綠豆泡一泡後煮熟即可，頂多加一些自己喜歡的料，加糖調味，吃熱吃冷都可，如此而已？直到加入上海家庭後，我才知道原來綠豆湯也有不同的吃法。婆婆是上海人，公公是蘇州人，在我們家中，綠豆湯就有兩種截然不同的吃法。

在我們還沒有做餐，公婆也還沒住養老院前，我們每週末都會去公婆家吃飯，連同先生妹妹一家人，全家七個人用餐；我們都是固定下午到，先吃個點心、聊聊天，再吃晚餐。下午吃個小點心是上海、蘇州人的生活習慣，在夏天時，婆婆會煮綠豆湯，第一次吃到時，裡面有一些黑色顆粒狀沒見過的食材，覺得很奇怪，問了才知道是「百合籽」，嘗起來略有苦味，它是很時令的食材，只有夏天才能在菜市場買到。

後來在某一個夏天，買了一些百合籽沒吃完，我直接丟到樓頂的土盆裡，沒想到隔年春天就發芽了，才知

1｜百合籽綠豆湯
2｜百合籽

道原來百合籽是長這樣；經過幾年後，樓頂的百合也從一株長到了近百株。百合是多年生植物，需要重複長多年，莖球才會變大，一般是夏天採百合籽，秋末挖根莖球。

婆婆說，百合籽綠豆湯是上海人常吃的點心，也是夏天最適合吃的清熱點心，它就是宜興百合枝椏間的株芽，和宜興百合一樣略有苦味，也有藥用價值，如果當早餐，可以加點米煮成百合籽綠豆粥。等到了秋天，宜興百合上市，綠豆粥可以改用百合煮，這時候需要去除百合上的薄膜，味道才不會苦，另加一些南瓜就是秋天適合吃的「綠豆百合南瓜粥」；如果怕百合的苦味，可以換成不會苦的蘭州百合。

記得初來上海時，很難看到冰品、刨冰這種食物，我好奇地問先生：你們不愛吃冰嗎？先生說在他的記憶裡，小時候在陝西南路、淮海路口的公泰水果店吃過綠豆冰、紅豆冰；城市改造後，公泰也關了，那個地方變成商場，後來就只有一些老餐廳、老麵館在夏天時有賣冰品。這些店家裝冰品的方式與臺灣大不相同，是用杯子裝，特別是用早期家家戶戶都會有的紅色或藍色喜杯。

上海的綠豆湯裡有一味必須要有的食材，就是薄荷。薄荷是一味中藥，它能散熱解毒、清咽潤喉，還能消炎止痛，並促進消化，非常適合夏天食用。無論是婆婆煮的百合籽綠豆湯或者上海光明牌的綠豆棒冰（上海人的稱法），都必須要有薄荷的調味；而蘇州人更是如此。蘇州人很愛玫瑰及薄荷，很多日常糕點都有這兩種口味，甚至過年前賣的豬油年糕也有薄荷口味。先生家傳統上做鬆糕也會放薄荷，以解豆沙的膩。蘇州的綠豆湯相對於上海的綠豆湯，更為花俏些，是上海的豪華版綠豆湯。

但蘇式綠豆湯做法是唯一的嗎？其實也不然，後來湖州客人告訴我，在湖州當地稱之為「多樣湯」，多樣湯這個說法更為貼切，就是一個綠豆冰甜湯裡有多種食材。不同於婆婆煮的百合籽綠豆湯，蘇式綠豆湯的綠豆是不煮破的，主要是因清熱解暑的功效來自於綠豆皮；蘇式綠豆湯的第二主料則是上海綠豆湯沒有的糯米，同樣也是不能煮爛，否則吃起來就不是甜湯而是甜粥。

一般的綠豆湯是配著煮綠豆時伴隨而來的湯汁，但蘇式綠豆湯的靈魂湯則是另外煮的薄荷糖水，湯必須清澈，這是蘇式綠豆湯的必要條件。我自己製作時，在糖水部分稍加做了改

芳香萬壽菊

變，除了薄荷外還加上了芳香萬壽菊葉一起煮糖水。為何想到要放芳香萬壽菊葉？來自於父母家一直有種芳香萬壽菊，母親經常拿葉子來泡水喝，在上海我自己也有種。原先是因為有一回從外面買的薄荷味道不重，為了增加糖水的香氣而添加芳香萬壽菊葉，它帶有洋甘菊及薄荷的雙重味道，加入薄荷糖水後發現味道更好，後來我就在樓頂種了許多薄荷及芳香萬壽菊，夏天每次做綠豆湯時都會加進糖水中。

有一年夏天，一位臺灣朋友來用餐，他的母親是上海人，對於上海菜不陌生，當他吃到綠豆湯，他想起了小時候吃過的熟悉味道，說：小時候爸媽會帶他去臺北的綠楊村餐廳吃飯，每次餐後就會點一個綠豆湯，記得就是一碗冰鎮過的綠豆裡放上糯米，點的時候，才淋上冰糖水，但沒有蘇式綠豆湯這麼豐富；萬萬沒想到二十多年後，在我們家吃到了小時候的味道。

許多朋友在沒有吃過蘇式綠豆湯之前，從圖片上都不太能想像這味道，特別是臺灣朋友。每一次餐後上綠豆甜湯都像一個儀式，大家都等著拍影片，冰鎮過的糖水是吃之前才淋上，由於綠豆及糯米都不是煮得爛爛的，作為甜湯吃起來更舒服。大碗上桌時，綠豆與糯米不是混合在一起，第一次吃的客人會以為要攪拌，不過蘇式綠豆湯恰恰就是不能混合，讓客人選

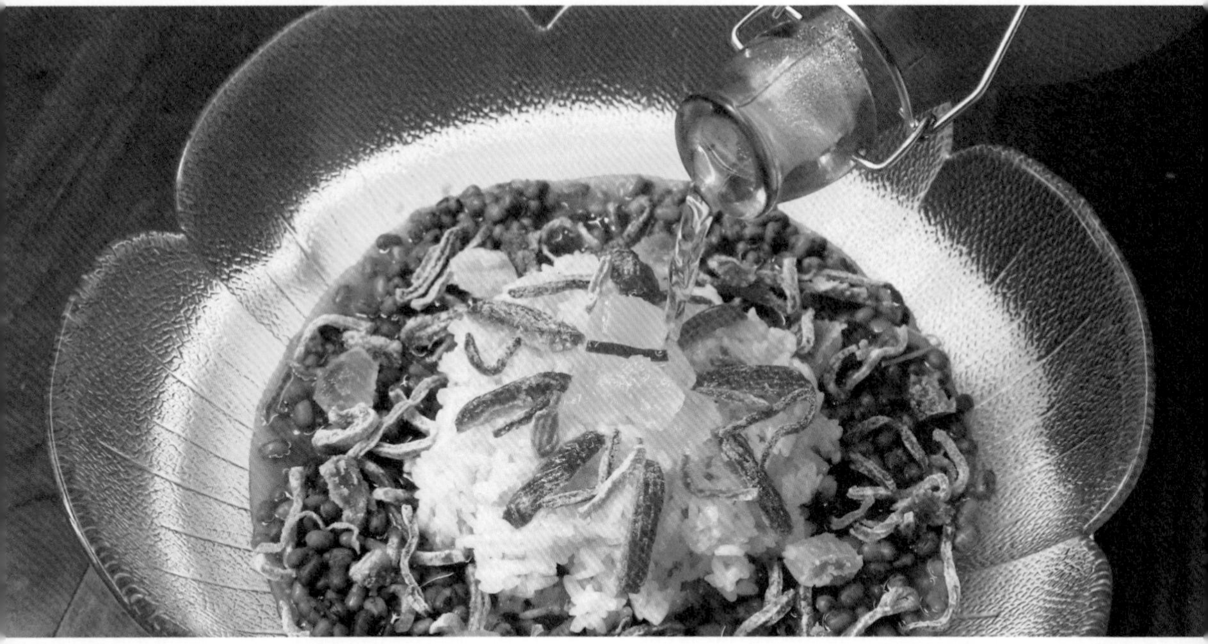

上桌時淋上冰糖水的蘇式綠豆湯

擇自己想吃的部分及多寡；不同的客人吃法也不同，上海、蘇州人一看到有糯米會先舀糯米，而臺灣人都習慣只舀綠豆，我告訴臺灣朋友：糯米比綠豆更好吃哦！一定要吃糯米。對於不是那麼愛吃糯米的臺灣人來說，幾乎都是一次特別的經驗，常有人驚豔糯米是那麼Q彈。蘇州的江糯確實是做點心的最佳食材。

吃過蘇式綠豆湯的朋友，都有同樣的評價：「太清爽了！糯米真的好好吃。」有的客人還會說：「可不可以再給我一小塊糖冬瓜啊？回憶一下小時候偷吃供桌上的甜食。」有些客人甚至為了夏天吃上這碗綠豆湯，放棄吃菜飯，留著肚子等吃甜湯，並且還問我：「可不可以賣這薄荷萬壽菊糖水啊！」為此，我每次都會多煮，讓大家喝個夠。

由於這幾年復古的食物越來越流行，蘇式綠豆湯無論在蘇州或者上海都有專門的小店在賣，店裡的薄荷糖水，有些為了圖方便，不一定是用薄荷煮，而是用薄荷香精，甚至是滴上幾滴風油精；我的一位上海朋友有一回吃到這種口味，嚇得她對蘇式綠豆湯充滿敵意。

蘇式綠豆湯不宜久放，原因是倒了薄荷糖水後，綠豆及糯米會吸收糖水而變糊，就沒有原先的Q彈口感，當然吃是可以吃，不過就少了清爽味。

蘇式綠豆湯（8 人份）

食材：綠豆一碗半，糯米一碗，薄荷葉，紅綠絲少許，糖冬瓜 2 個，蜜棗 2 顆
調料：冰糖，水
做法：

① 提前一天將薄荷葉及冰糖加水煮好，待涼後裝瓶放冰箱冰鎮。
② 將綠豆及糯米洗淨後分別泡水，綠豆泡 2 小時即可，糯米需泡 5 小時以上。
③ 綠豆用小鍋，水不要多，先開中火煮開後轉小火，煮約 15~20 分鐘，嘗過已熟即可，煮的時候不可蓋，否則容易爛破（也可以用蒸的）。

煮好的綠豆及糯米

④ 糯米放蒸鍋大火蒸熟，但不能軟爛，取出後拌一拌（若有微波爐，糯米加水約米上即可，用保鮮膜包起來，微波約 3~5 分鐘，取出拌一拌即可）。
⑤ 把煮好的綠豆及糯米放涼。
⑥ 如果是一碗一碗盛，就是把綠豆及糯米分別舀一些進碗中；如果是大碗共用，則是把綠豆放在底部，再放糯米，糯米不需壓緊。
⑦ 放上紅綠絲、蜜棗、糖冬瓜裝飾，或者是放自己喜歡的蜜餞都可（如葡萄乾、金桔蜜餞皆可）。
⑧ 吃之前淋上冰鎮過的薄荷糖水；如果喜歡，放些刨冰亦可，糖水則要更甜一點。
⑨ 沒吃完的綠豆、糯米及糖水皆須放冰箱存放，要吃的時候再舀。

烤麩、麵筋與涼皮

烤麩、麵筋與涼皮，這三者有什麼關係？

烤麩經常被誤認為是豆製品，因為都是在豆製品攤位上販賣；實際上，烤麩與麵筋同樣是用麵粉做出來的製品，只是在製作過程中因為做法不同，而成了不同的食物。而涼皮則是利用烤麩與麵筋製程中得出的麵水所製作的食材。有趣的是，在江南，烤麩與麵筋是江浙菜最常吃的家常菜，但涼皮卻不是；在西北，涼皮才是經常能見到的主食或小吃，烤麩則是涼皮的配料。

在大陸一些地區，會把烤麩與麵筋認為是同一種東西，統稱為麵筋。宋代沈括《夢溪筆談》云：「濯盡柔麵，則麵筋乃見。」明代李時珍《本草綱目》亦載：「麵筋，以麩與麵水中揉洗而成者。古人罕知，今為素食要物。」據史料記載，麵筋始創於南北朝時期，當時就可見以麵筋為主料的仿葷素菜。到元代，人們已大量生產麵筋，明代方以智的《物理小識》中也詳細介紹了洗麵筋的方法。到清代之後，麵筋菜餚也增加不少。

烤麩通常是用帶麩皮（或不帶麩皮）的麥子磨成麵粉，和麵後在水中揉搓出來的麵筋製作而成；而麵筋主要是使用不帶麩皮的麥子麵粉在水中揉搓出來的麵筋所製成的。如果是在家中自己要做出烤麩、麵筋及涼皮這三樣食材，可以用一般常使用的麵粉或者是高筋麵粉來做。我們就從這三樣食材的家庭製作方式來說明，如何用麵粉變出不同食材以及其料理方式：

前製作業｜洗麵

1｜準備麵粉（高筋為佳，中筋亦可），加入冷水及少許鹽，和麵揉成光滑麵團後，放置一小時醒麵。洗麵完後剩下不多，如果不想一次次地做，可以一次用多於一公斤的麵粉來做；如果同時要做三樣食材，就要增量來做。

2｜醒麵後略揉後，倒冷水在盆中浸沒麵團高度，用手揉洗麵團，澱粉會融入水中，變成麵粉水，把這樣的洗麵水倒入其他乾淨的盆中。

3｜再不斷反覆清洗，直到洗麵水變成透明色即可。這時原來的麵團會縮小，產生許多氣孔，它就是「生麵筋」。

基本的「生麵筋」及「洗麵水」完成之後，就可以做以下的烤麩、麵筋、涼皮及小麥澱粉。

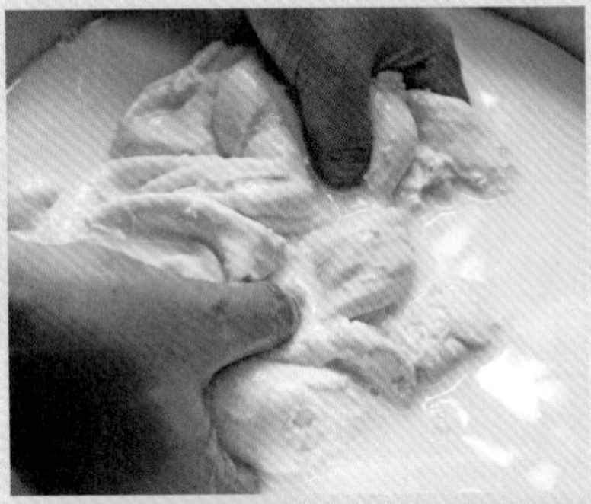

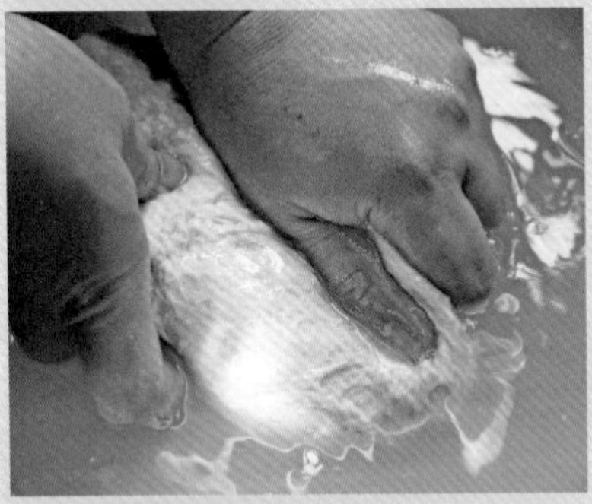

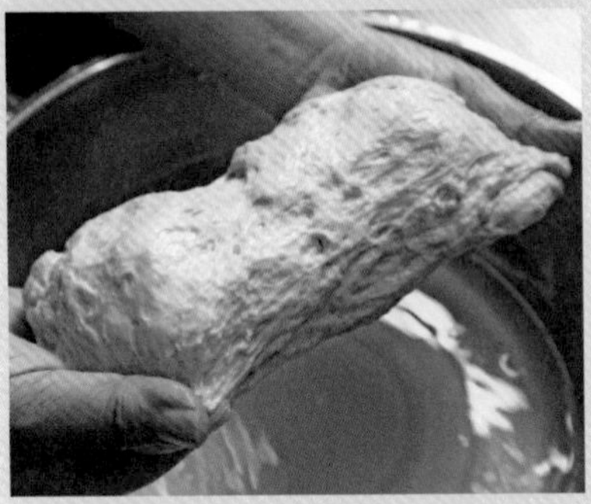

1｜洗麵團
2｜洗麵到透明色
3｜生麵筋

【烤麩】

將上面做好的「生麵筋」放入盤中入鍋蒸，是比較簡便的方式；或者再放少許酵母拌在生麵筋中，讓它發酵成蜂窩氣孔狀再蒸即可。用帶麩皮的麵粉做，顏色會比較深，一般的麵粉做出來的顏色會比較淺。

如果嫌洗麵麻煩，可以到市場上買「麵筋粉」或「穀朊粉」，直接用乾酵母粉加溫水調和，然後加入麵筋粉調和生麵團狀，放在溫熱的地方醒麵；直到麵團裡面都是蜂窩狀後，同樣上蒸鍋蒸三十分鐘，即是烤麩。這是比較簡便的方式，但就只能做烤麩。如果還是不想做，自然是去豆製品攤買現成的最方便；上海的烤麩不同於臺灣，都是整大塊，要多少切多少，臺灣則是以小塊裝來販售。

上海人家裡最常見的小菜就是烤麩，幾乎人人都愛吃；我剛結婚時，每週到公婆家吃飯，經常會有烤麩這道前菜。上海家常的烤麩一般都不會用切的，而是用手撕的，老一輩的人說是切的有刀的生腥味，手撕的更能入味。

在上海有一種諧音說法，烤麩即是

1 ｜自家蒸好的烤麩
2 ｜上海菜市場賣的烤麩

「靠夫」，寓意家中男丁來年取得高成就，特別是上海人在過年時喜歡討口彩，年夜飯中必須有一盤「四喜烤麩」，這源自於最早的名字「四鮮烤麩」，上海話中的「鮮」及「喜」念音相同，而「喜」則是更討喜，於是就逐漸變成「四喜烤麩」這菜名了。配料包含：花生，寓意多子多福；生麩，寓意一生富貴；香菇、黃花菜（臺灣稱金針）取金黃色為貴之意；整體寓意為新的一年要「富起來」。

我們在外面吃到的烤麩通常都很油膩，甚至吃起來黏黏的，主要原因是前期處理烤麩時沒洗乾淨，裡面仍含有小麥澱粉；這樣的生烤麩，燒好後放久了要是沒保存好，就容易發酸，有黏稠感。所以做烤麩料理時最重要的是清洗烤麩：先把它切或手撕成小塊，放入淡鹽水中煮開後，倒入冷水中清洗、擠壓，把澱粉洗出，直到洗烤麩的水成透明狀，不再像麵粉水那樣。這是第一步必須完成的工序，也是決定烤麩口感最重要的一步。

大部分的餐廳在做烤麩料理時會先油炸，烤麩有無數的氣孔特別吸油，因此油炸後的烤麩再料理會比較油膩。我們的方式則不油炸，採用日曬，但若家裡沒有空間，可以先日曬幾小時，再用烤箱低溫烘烤到略乾，這樣炒的時候不會油膩，並且更能吸收醬料的味道。當沒有太多時間處理時，可以一次清洗多一點，處理好後分裝放冰庫保存，方便每次使用。

上海人做烤麩，最重要的配料是「乾香菇」，不僅僅是因寓意吉祥，而是香菇決定了這道小菜的香氣與味道；選用的乾香菇一定要小，並且要把蒂頭剪掉。而四喜烤麩中的花生，因為有些人對花生過敏，也可以把花生換成小的黑木耳。

四喜烤麩（6 人份）

食材：烤麩一斤，乾香菇一些，黃花菜（臺灣稱金針）一些，黑木耳一些（或花生）

調料：植物油，醬油，老抽（可有可無），糖，黃酒

做法：

① 烤麩切塊，放淡鹽水中煮開後關火，倒入冷水中不斷清洗到無黏液，把烤麩曬一下或低溫烘。

② 香菇、黃花菜、黑木耳洗淨後分別泡水，泡開後將香菇蒂頭剪掉。

③ 熱鍋放冷油，放入烤麩煸炒，加少許黃酒炒。

④ 再放入泡開的②香菇、黃花菜、黑木耳及香菇水煮一會兒。

⑤ 加醬油、老抽（不放亦可）、糖，煮一會兒開始收汁，等到僅留鍋底一點湯汁時即可裝盤。

醉麩拌毛豆

醉麩蒸蝦

●醉麩

市場上還有一種「醉麩」，是寧波、慈溪一帶的特殊醬菜，當地人叫「霉麩」，加工方式是用烤麩加上菌種、調料及低度白酒醃製，當地人當成泡飯時的最佳小菜。一般家裡不會做，而是去第一食品店及全國土特產商店的「醬菜醬料專櫃」，以零拷（秤重賣，想吃多少就買多少）的方式購買，買的時候可以請店員秤好後多舀一些湯汁，這樣醉麩不容易壞，湯汁還能作為調味料使用。這種醉麩比較鹹，帶酒味，有股特殊的鮮味。我第一次吃時不知道它很鹹，一入口馬上吐出來，只能小小口慢慢吃，難怪先生說一小塊可以配一碗泡飯，吃著吃著還滿有滋味的。醉麩也能拿來做菜當調味，上海有些餐館會把醉烤麩拿來蒸蝦、蒸魚，自己在家做也很簡單。

如果想嘗試自己在家做醉麩，可以把市場買來的烤麩切小塊，用清水洗淨，擠掉水分控乾些，加上鹽、低度白酒及醉料（可以是醉滷，市場上有賣瓶裝的），亦可加花椒及茴香醃製幾日，即可食用。其中鹽不可少，才能久存。醉麩拌毛豆是最常見的家常做法，江南人都愛吃毛豆，毛豆經常用在各種料理中，除了可以降低醉麩的鹹度外，換個吃法也不錯。把毛豆用清水煮熟瀝乾水分，醉麩撕小小塊，都放在碗裡，淋上少許麻油、醉麩湯汁、少許糖，拌勻即可。

【麵筋】

最初對麵筋的印象，來自於小時候父親偶爾買的花生麵筋罐頭，主要拿來配粥。在我老家裡，麵筋是不常見的食物；直到來上海居住後，才經常接觸。在上海，麵筋分成兩種大類，一為水麵筋，二為油麵筋。另外有一種名叫「魚麵筋」的食材，雖然也稱作麵筋，但其實主料還是魚漿。

●水麵筋

麵筋應是素食者代替肉的最佳食材。在做好的生麵筋基礎上，用手將它團成球形或各種形狀，放入水中以中火煮，即成為水麵筋。水麵筋是最接近烤麩的食材，唯一的不同是烤麩有非常多的氣孔，而做麵筋時則會把氣孔擠掉，成為較光滑的表面。如果是把生麵筋纏繞於筷子上拉成長條，再水煮，上海市場稱這種麵筋為「素腸」；北方人卻喜歡把這樣長形的麵筋作為烤麵筋的基礎食材，用長竹籤插入麵筋，刀切出花紋後塗上醬料烤即是。

素腸

在上海有個小吃很常見，叫「雙檔」。這個名稱原是來自於蘇州評彈中一男一女的二人同臺表演。一開始並不叫雙檔，早期上海人吃的時候就說來一碗「鴛鴦湯」，後來因為有了雙檔這個詞，才逐漸換了稱呼。湯頭是用大骨熬湯，在家自己做也可以用雞湯。以前雙檔的組合是一個麵筋塞肉加上一個百頁包，最早是當作下午點心；後來勞動階級多了，這樣的量作為點心仍吃不飽，逐漸變成大碗裝兩個麵筋塞肉和兩個百頁包，再加上粉絲，原先單一小碗裝的雙檔則改成叫「單檔」；大碗裝的反變成叫「雙檔」，來滿足不同需求的人群食用。

單雙檔中的油麵筋塞肉，一開始是用水麵筋塞肉後炸，如今現在許多店家都直接用炸好

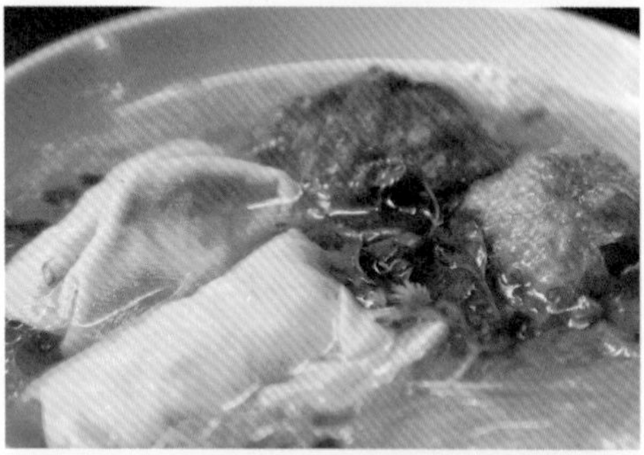

1 ｜單檔
2 ｜雙檔
3 ｜水麵筋塞肉

的油麵筋來塞肉，變得更簡單些。用水麵筋與油麵筋塞肉的區別是，水麵筋無固定形狀，麵筋很有彈性，在包裹肉的過程中若是平日不常做，真的很難成型，需要練習多次才能把肉末完整包裹起來；油麵筋塞肉則是容易多了。從口感來說，是水麵筋更有彈性。水麵筋塞肉除了做雙檔之外，也會作為湯品的一個配料，我曾在常熟、木瀆一帶吃過，雞湯裡都會放水麵筋塞肉。

●油麵筋

在臺灣隨時可以買到小的油麵筋，但是大的油麵筋只能在南門或東門市場買得到；據說現在就只有一個老師傅做這個，因此其他地方都很難買到，價格上也比上海貴很多（臺北一顆大油麵筋十二元新臺幣左右，上海則是一包十到十二顆，六元人民幣）。

若是在家自己做油麵筋，一種做法是直接將生麵筋用手團成球形入油鍋炸，這樣做很容易成不規則型；另一種則是在炸之前會加上少許麵粉混在生麵筋中（特別是大的油麵筋），用剪刀剪下麵筋（手扯的話不好扯下）捏成球型，靜置二十分鐘後再炸。炸油麵筋的時候開始要低溫，會慢慢膨脹，先讓外殼變硬。自己做過後才知道，原來把油麵筋做得光滑、又圓又大，也是個技術。

炸油麵筋

油麵筋在江南最著名的是無錫，特別是大的圓形麵筋。無錫人最常拿它做的是

麵筋塞肉（6~8 人）

食材：無錫麵筋（油麵筋）一包（約 10 顆），絞肉半斤，蔥幾根

調料：醬油，黃酒，鹽，糖，水

做法：

① 將絞肉加入黃酒、水、醬油、鹽、糖、蔥末，攪拌均勻，放 20 分鐘醒肉。

② 用小刀將無錫麵筋戳一個小洞，手指往裡面壓空，再用筷子將肉餡慢慢塞入。

③ 將②放入鍋中，放冷水至麵筋塞肉的一半，開小火煮，淋少許醬油，煮到湯汁出油，即可裝盤。

無錫麵筋

塞肉，稱之「肉釀麵筋」，是上海人的家常菜，在許多食堂、麵館或飯館裡也都能見到它的身影。至於小的麵筋，上海人家裡習慣拿來炒杭白菜，或是放火鍋裡燙一下。倒是臺灣最常見的花生麵筋，在上海反而見不到這樣的吃法。

【涼皮】

涼皮是西北方食物，生產小麥的地區多數都有涼皮，而且涼皮的製作工藝有各種方式，有些地方也叫「釀皮」。但在江南，涼皮不是主流食物，江南更喜歡的是「粉皮」，粉皮是豆類澱粉做的，經常見到的是綠豆澱粉做的。

用麵團洗麵做生麵筋後的麵水，就是製作涼皮的主料。把麵水放置幾小時，讓澱粉完全沉澱後，倒掉上面的水，加入少少許鹽拌勻，放入冰箱一夜，這樣做出來的涼皮才會比較Q彈。放隔夜的麵水，需要掌握好水的比例，太多過稀，太少則過硬不Q。做涼皮時先把麵水攪拌成泥狀，準備好搪瓷盤或者餅乾盒蓋亦可；不用瓷盤是因為瓷盤太厚，不好掌握蒸的時間。蒸鍋煮水開了後，將搪瓷盤抹上一層薄油，把

1｜麵水
2｜涼皮

麵水淋上，不能太厚，入蒸鍋大火蒸二至三分鐘；開鍋時會看到盤子中的涼皮起大泡，就表示已經熟了，旁邊可準備一涼水盆，從蒸鍋取出後放在冷水上，讓盤底迅速降溫，方便把涼皮取出。每一層的涼皮都要塗油，才不至於黏在一起。

涼皮最好是當天吃，最多放到隔天，所以麵水做不完可以放冰箱保存。或者，可以讓麵水再沉澱一下，把水完全倒掉，這時候留下的都是澱粉，會比較硬，用刀或湯匙刮下，放一盤子中讓陽光曬，最後就成了小麥澱粉。這做法和做藕粉一樣。專門要做成小麥澱粉時，麵水裡不能加鹽，這種小麥澱粉市面上也有售，叫作「澄粉」。小麥澱粉除了可以留作勾芡用，同時也是製作透明點心時經常會用到的成分，像港式點心中的蝦餃便是。

做好的涼皮，可加上切小塊的烤麩、小黃瓜絲或任意的青菜（有些需要先汆燙後放涼），調料也可以隨自己的喜好來調配。西北最簡單的做法就是油潑辣子拌涼皮，河套地區拌涼皮的調料甚至高達十三種；無論是哪種拌涼皮，都很適合夏天食用。

油潑辣子拌涼皮（1 人份）

食材：涼皮 150g，烤麩幾塊，黃瓜半條（還可以加豆芽），蒜頭

調料：水，油潑辣子（香料，辣椒粉，菜籽油，芝麻），鹽，醋，麻醬（可有可無）

做法：

① 將涼皮切條（切細或切寬皆可），烤麩切小塊，黃瓜切絲。

② 蒜頭切末，倒入冷開水及少許鹽，即是蒜水。

③ 香料按照個人的喜好，用石臼或者磨粉機磨碎，倒入辣椒粉中，放鹽及芝麻調勻。

④ 菜籽油燒熱，待溫度降一些後（不能太高溫，否則會焦），倒入③中，即是油潑辣子。

⑤ 盤中放涼皮、黃瓜絲及烤麩後，淋油潑辣子、醋及蒜水，拌勻即可。

備註：

① 油潑辣子可以一次做多一點，除了拌涼皮，也可以拌麵、做菜、做蘸料。

② 涼皮按人數及食用的量準備為佳。

③ 醬料中也可以放些麻醬，會比較柔和，麻醬需要先用水調和。

卷二　春日旬味

說到春筍的菜餚，在江南第一個想到的還是「醃篤鮮」。在上海也是如此，有春筍才有醃篤鮮。

春日芽菜

香椿芽、馬蘭頭、枸杞頭

大陸型氣候的中國，四季分明，食材也一樣，一過了季節，就得再等上一年。一年四季中，春天及冬天的蔬菜最好吃，也最精彩、最多元化；春冬兩季的蔬菜有些會重複，有些則只在當季才有，甚至期間很短就沒有了。

萬物生發的春季，是吃各種芽菜的季節，有句俗話說：「春吃芽，夏吃瓜，秋吃果，冬吃根。」經過嚴冬的醞釀後，春季發出的新芽是最有力量、儲能最大的蔬菜。

江南人總覺得，春天沒有吃到應季蔬菜就像沒過到春天似的，就算再貴，也要吃上一次才算是了卻心願；上海最常見的三種發芽蔬菜，就是「香椿芽」、「馬蘭頭」及「枸杞頭」，一旦過了春季，就要等明年才能吃到。

【香椿芽】

香椿芽是臺灣也有的芽菜，不過在臺灣因為氣溫較高，芽葉長得特別快，看到的通常比較綠；相較之下，上海等地的香椿芽則是紅而嫩。這幾年香椿芽價格特別高，尤其是剛上市時，上海人都說吃不起了；其實不要一上市就買，因為剛上市時都是外地產

香椿芽

的，待大量上市時，價格就會滑落一些。

香椿原產中國，被稱為「樹上蔬菜」，吃的是香椿樹的嫩芽，於穀雨前吃為佳。因為香椿的硝酸鹽及亞硝酸鹽含量高於一般蔬菜，有易生成致癌物亞硝胺的疑慮，食用、採買前要特別注意。隨著香椿芽的生長，其中硝酸鹽和亞硝酸鹽的含量會跟著上升。也就是說，香椿芽越嫩越紅，含量越少；如果已經到了葉子較綠、一碰就掉的時候，含量就較高。因此無論涼拌、炒菜，都需要在做料理前汆燙一分鐘左右，藉此提高食用香椿的安全性，同時還可更好地保存香椿的綠色；並且，香椿的香氣成分主要來自於不溶於水的香椿精油，因此汆燙不會明顯影響其風味。

不過，香椿本身的維生素C含量也高於一般蔬菜水果，如果吃的是新鮮香椿，維生素C可幫助阻斷致癌物亞硝胺的形成。如果香椿不那麼新鮮，將它和其他蔬菜水果一起吃，能盡量避免風險。曾經聽過一位客人提起：有一次她吃了香椿芽後有中毒現象，可能是自身對亞硝酸鹽過敏，於是她馬上泡了維生素C的錠片喝，後來就沒事。所以吃香椿芽要留意，不能一次吃多。

在上海，早期不太容易買到新鮮的香椿芽，多數是「鹽醃香椿芽」，醃菜的小店及菜市場都有販售。這種醃菜鹽量極高，料理前需要先把鹽拍掉，浸在冷開水裡，把鹽分去掉些，擠乾後再料理。如果自己在家做，先汆燙香椿芽，然後略吹乾切碎，用的鹽量可減少，放瓶子裡，也可淋麻油淹沒；過了兩週，待亞硝酸鹽含量降低之後再食用。

醃好的香椿芽方便隨時食用。舉例來說，在常熟虞山腳下興福寺旁的麵館裡，春、秋季會提供「蕈油麵」，當地的吃法就是一碗蕈油麵，配上一盤春天醃的香椿芽。這樣的搭配只有常熟有，因為松樹蕈菇炒製時需要用到大量的菜籽油，吃起來比較油，配上清爽的香椿芽，恰有解膩的作用。醃的方式應如上段所述，燙過後以少許鹽醃、再用油浸方式保存，吃的時候淋上少許醬油。春季到虞山吃碗蕈油麵，配上剛醃好的香椿芽，再賞賞花，春的氣息就從這碗麵開始。若主要為了吃蕈油麵，是十月分最佳，那時正有新鮮的松樹蕈菇。

另有清爽的小菜「香椿豆」，就是用燙過的香椿芽切末，加上少許鹽煮過的毛豆，放一罐中或碗中，以鹽調味，淋上麻油混合在一起放一晚，隔天即可食用。

蕈油麵搭配香椿芽

香椿豆

新鮮的吃法，最常見的就是「香椿芽炒蛋」，還有「炸香椿魚」，做法是用麵糊裹整棵香椿芽入油鍋炸，形似一條小魚（除了用香椿芽之外，也可以用「蔥白根」或「香菜根」炸，視覺上很像，只是口感氣味不同）。曾經在杭州一家館子吃過一道「香椿芽炒春筍」，以葷油來炒，餐廳是用切碎的培根（也可以用帶肥的鹹肉切薄片小塊）慢煎出油後，將汆燙過的香椿芽及春筍分別切末、切塊再一起炒（餐廳只用春筍嫩尖部位），也是一種滿有趣的吃法。近期又在杭州吃到一道「香椿芽油爆蝦」，是以油爆河蝦為基礎，配上切碎的香椿拌炒，讓油爆蝦有了多一層的香氣。

香椿芽也能做成香椿芽醬及香椿油，可用於拌麵。香椿醬在臺灣的素食或有機商店可以找到；香椿油就是直接放油鍋低溫油炸，瀝掉炸乾的香椿芽，把油裝瓶即可。自己家裡的吃法除了香椿芽炒蛋、香椿豆之外，買的量多時，也可拿來做香椿餛飩，但最常做的還是「香椿芽拌豆腐」，是一道上海春天最常吃的冷菜。

香椿油爆蝦

香椿芽拌豆腐（6 人份）

食材： 盒裝嫩豆腐約 350g，香椿芽 50g，鹹鴨蛋一顆

調料： 麻油，鹽

做法：

① 選用嫩豆腐，提前將豆腐取出，放置一段時間讓豆腐先出水，以避免出水後將調味沖淡。

② 將新鮮的香椿芽倒入煮沸的水，汆燙 2 分鐘後取出瀝乾切末。

③ 取一鹹鴨蛋剝開切碎拌勻。

④ 豆腐放入盤中，將鹹蛋碎末放置豆腐上，再將香椿芽末放置於鹹蛋上，淋上麻油。

⑤ 吃的時候，再將這三樣食材拌一拌。

備註：

① 鹹蛋是取代鹽的調味，鹹蛋若不夠鹹可以再加一顆；若不想多放鹹蛋，拌一些鹽進去亦可。

② 麻油可以用香椿油替代。

③ 在臺灣，可以用原住民食用的「刺蔥」代替香椿芽；唯須注意，刺蔥葉有刺，最好打成醬，或者只用嫩葉為佳。

【馬蘭頭】

我對於馬蘭頭的認知就是，它的生命力很強，每回洗菜、挑菜，把較老的莖掐掉後，隨意丟到樓頂植物盆裡，它很快會在春暖時生根成長，並且根莖占據整個盆中；如果不理它，就會長得很高，到秋天開出淡紫色的花。一些臺灣朋友告訴我，臺灣山裡也有馬蘭頭，不過我想是因為氣候炎熱長得快，還來不及採摘就已經老了，所以也沒有人會拿來食用。

1 │馬蘭頭
2 │已經開花的馬蘭頭

在過去，到了春天三、四月，上海人就到田野中摘馬蘭頭的嫩芽以及挖薺菜，因為太常見到，很少人會去買這兩樣蔬菜；如今高樓林立，田野景色已經很難在都市裡見到，也就只能到菜市場買。而且野生的也很少了，多是大棚裡種植。春天野生發芽的蔬菜都有相似特性：根莖處會發紫或呈黑紅色，而大棚種植出來的蔬菜多半不會，因此在選購時，可以據此條件來辨別蔬菜來自什麼樣的種植環境。

馬蘭頭最常見的吃法是切碎拌香乾，我則

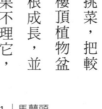

馬蘭頭拌香乾（6 人份）

食材：馬蘭頭半斤，香乾（即豆乾）2 片
調料：植物油，麻油，鹽，少許糖
做法：

① 洗淨馬蘭頭後汆燙，汆燙時水中放少許鹽及植物油。
② 馬蘭頭納涼後擠掉水分，切末。
③ 豆乾用開水沖洗一下，切細末。
④ 將馬蘭頭末及豆乾混合一起，放少許糖、麻油調味，裝盤。

備註：

① 薺菜也可以採如此做法。
② 在臺灣還可以用茼蒿代替，汆燙時間須短，茼蒿才不會過爛。

喜歡清炒。野生馬蘭頭清炒後味道有點像茼蒿，卻不像茼蒿那樣較軟爛，馬蘭頭比較生硬，而且吃的時候舌頭會有點麻，特別是野生的；有些人不習慣，所以餐廳裡很少做清炒，還是以汆燙做拌香乾為主。

春日的蔬菜有一個特性，就是食用的時間並不長，一旦氣溫高了，蔬菜就老了，市場上也就難見到。江南人為了延長食用的時間，有些蔬菜會以醃製或曬乾的方式，繼續食用到來年新鮮的上市；馬蘭頭也是如此，農家會做成馬蘭頭乾。

在多年前，先生曾經請朋友把一包馬蘭頭乾帶回臺灣送給一位攝影師，他來電道謝，並且詢問這食材該怎麼燒？電話中告訴他：可以燒紅燒肉；後來很巧的，有一天他在臺北招待了一位上海客人，做了「馬蘭頭紅燒肉」，那位上海客人吃了很感慨地說：「這道菜現在在上海餐廳都不容易吃到了，居然在臺北吃到！」是的，現在上海城市裡已經很少人會蒸曬馬蘭頭做成乾貨，只能去郊區有些地方向老農購買，不然就只能自己做。

1｜曬馬蘭頭乾
2｜馬蘭頭紅燒肉

馬蘭頭乾與新鮮的有著完全不同

的味道，用來做紅燒肉的輔料，不僅讓紅燒肉吃起來不油膩，還有著特殊的香氣，且馬蘭頭吸附了肉香味，甚至比肉還要好吃；現在的年輕上海人很多都不知道還有馬蘭頭紅燒肉這道菜，只存在於老一輩人的心中。

【枸杞頭】

枸杞和紫蘇同樣全身都是寶，從葉、花、莖、果都有食用與療效的價值，《本草綱目》中提到：「春採枸杞葉，名天精草；夏採花，名長生草；秋採子，名枸杞子；冬採根，名地骨皮。」明確說明了枸杞全株都有藥用價值。

過去，上海人家經常會種枸杞樹當作圍欄，如今偶爾在家附近的巷弄裡也會看到；曾經在蘇州東山一戶農家裡看到一棵三十年左右的枸杞樹，現在已經很少見了。我是住在上海後，才發現原來枸杞葉也能當成蔬菜食用。在江南把枸杞葉稱為「枸杞頭」，如今江南種植的枸杞頭都是小灌木，主要當作蔬菜，清炒及煮湯是最常見的，也可以做涼拌菜。

宋朝林洪《山家清供》中曾提到

1｜枸杞樹
2｜枸杞頭

「山家三脆」的做法：「嫩筍、小蕈、枸杞頭，入鹽湯焯熟，同香熟油、胡椒、鹽各少許，醬油、滴醋拌食。趙竹溪密夫酷嗜此。或做湯餅以奉親，名『三脆麵』。」我也用這方式試著做這道菜，是一道清清爽爽的涼拌菜。

枸杞頭隨著天氣漸暖很容易老，食用的時間很短。上海人平日最喜歡拿它炒春筍，或者像《紅樓夢》中薛寶釵那般喜吃「油鹽炒枸杞芽」，枸杞芽入口略有苦味而後又有回甘，這是養肝明目的蔬菜的共同特性。亦可用中國人說的以形補形做「枸杞豬肝湯」，或是炒醬爆豬肝，放在清炒的枸杞芽上也適合。在臺灣偶爾會看到市場上有賣枸杞枝葉，但都比較老，不適合拿來炒，不過可以用來煮「枸杞蛋湯」。

山家三脆

枸杞頭豬肝湯

枸杞頭炒春筍（6 人份）

食材：枸杞頭一斤，春筍一個約 200g

調料：油，鹽

做法：

① 將春筍切片。

② 鍋中放油，將春筍放入鍋中煸炒。

③ 開大火，把枸杞頭入鍋炒，放鹽調味即可。

春日鮮筍

從小我就愛吃筍，幾乎任何筍的料理都非常喜歡，除了綠竹筍沾沙拉醬。並不是不喜歡綠竹筍，而是不喜歡這蘸料，覺得完全壞了好筍的味道，倒不如蘸好醬油，吃起來更可口。當然，這也只是自己的口味習慣。

小時候去花蓮及臺東的阿姨家玩，遇到筍的季節，清晨總是被叫起來一起去挖筍，從小就被告知太陽升起前挖的筍才不會苦；後來在浙江看農家隨時隨地挖筍，但筍也不苦，想必還是筍的品種不同。在臺灣，每次買筍回家的第一件事就是用洗米水煮筍以去除苦味；但我發現江南幾乎不這麼做，不先煮過也不會苦，只有到了產季末端時才略有苦味，而且上海人習慣是在料理前才開始剝筍。

筍是大自然給的食材，母親在山上有塊地，她總在有筍的季節去挖毛竹筍，挖筍去皮後用溪水清洗，立即生柴火煮來吃。讓我想起《山家清供》中提到的「傍林鮮」：「夏初林筍盛時，掃葉就竹邊煨熟，其味甚鮮，名曰『傍林鮮』。」吹著微風，吃著鮮筍料理，真的好不快活！如果筍採多了，煮好後，母親會做酸筍，將煮好的筍用做泡菜的方式讓它發酵；發酵幾日後放冰箱，冰涼略酸口的味道，夏天當冷菜吃很舒服。如果喜歡更酸，就讓它多發酵一些時間。有時候母親還會舀些湯汁喝，說是可以幫助消化，這是母親處理筍的一種吃法。

而在大陸以酸筍做料理最為人知的，應是

廣西柳州的「螺螄粉」，是用螺螄發酵後加上其他配料熬出湯底，當中不可或缺的配料就是酸筍。「酸、爽、辣」是螺螄粉的標誌，有一個笑話是這麼形容螺螄粉的：「飛機飛到柳州的上空，聞著都是一股酸筍味。」

中國各地因為山林多，所以各地都有筍，每個地方更因季節性不同而有不同的筍，江南大致還是以春筍及冬筍為主。最簡單的區別是：春筍是出土冒出芽的，冬筍則是在土裡；冬筍可以存放，春筍只要隔夜就容易老去。初夏還有一種鞭筍，嚴格來說就是竹根，夏天氣溫升高後，筍逐漸發芽，在土裡橫行生長，長到冬天就會長出冬筍。先生說，過去夏天的鞭筍很便宜，杭州的「片兒川」麵食中，夏天就是用鞭筍來代替春筍炒澆頭。如今鞭筍不是很多人挖，因此價格也上來一些，當開始挖鞭筍，也意味著春筍已經下市。

春筍在江南不同地區有不同的類別，譬如：德清的早園筍、臨安天目山的雷筍、宜興竹海的雪梨筍，每種

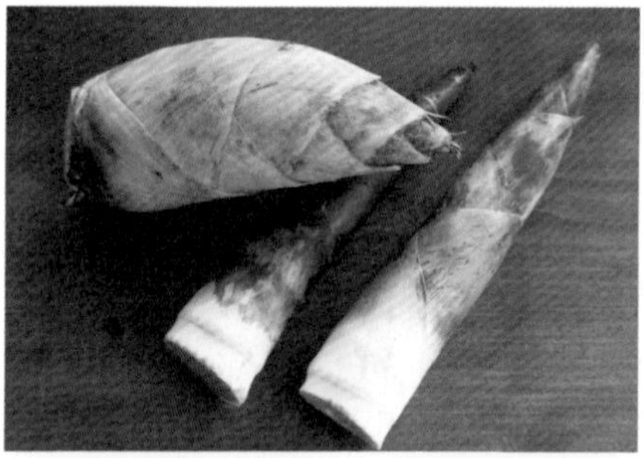

1｜左為冬筍，右為春筍
2｜野生小山筍

野生山筍炒鹹肉

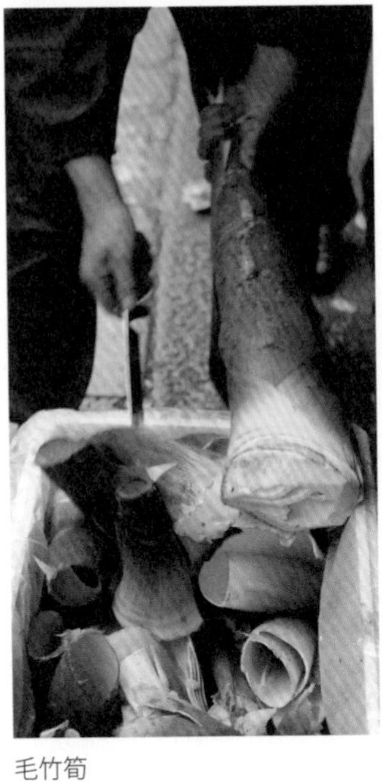

毛竹筍

筍在當地都有它不同的做法，滋味也不盡相同。春筍是上海人最喜歡吃的，可食用時間也很短，四月初開始會有春天的野生小筍及毛竹筍上市，一般到了四月中旬後就逐漸下市。野生的小筍很細長，食用時間很短，約十天左右；小筍很鮮嫩，先生喜歡用鹹肉炒來吃。浙江山區一帶都盛產小筍，當地人喜歡整條與鹹肉燉煮成筍煲。

而毛竹筍上海人比較不愛，認為它是發物（中醫認為，食用此食物容易誘發疾病或者使原來已發疾病加重，故稱之）。在浙江一帶，大的毛竹筍多半會做成筍乾，稱之為「玉蘭片」；或者，新鮮的切成小細條，拿來做成零食及前菜，會和黃豆搭配，以醬油燒為主。如果作為零食不會放油，燒好後若是天候好，可以曬一曬，讓它比較乾爽。在過去沒有什麼零食的年代，它就是

1｜醬黃豆筍
2｜醬花生筍

上海媽媽做的春季零食；如果當做前菜，會在醬燒之後淋上少許油，讓它看起來色澤油亮好看些；也有人會拿花生一起燒。就在最近，我們剛好收到農家送的，邊看電視邊吃，容易吃很多，特別適合配啤酒。

筍可以是配料，也可以是主料，也可以是乾貨，在許多關於食物的古籍中，《李漁說閑》、《山家清供》、《養小錄》、《隨園食單》等等，都提過筍的各種做法。筍是最常被提到的素鮮，是個很奇妙的食材，單吃有它自己的味道，但無論和哪種食材混在一起，也都能起到鮮味。

過去我一直以為，「筍油」是製作鹹筍乾時用鹽水不斷熬製筍後而成的濃縮鹹筍汁，《隨園食單》中也是如此寫的；我所認得的許多做

筍乾的浙江老農家也都會把這濃縮汁裝瓶，做菜時可用於調味，是鮮味的集成。後來得知，蘇州在春天有「筍油拌麵」，選定日期前往一吃，居然沒吃到，經過一查，才知做法是不同的。

因為製作筍油的時間很長，現在已經很少麵館願意做，於是決定自己在家做：首先，用菜籽油開小火泡薑片（不能高溫炸）；薑片是必要的，因為筍容易傷胃，需要用薑來調整。熬過薑片後取出，等油溫下降，才將切長條的筍逐次放入油中，小火慢熬二至三小時，熱油會慢慢散發出筍的味道。過程中不可讓油過於高溫，熬到最後可以加少許的醬油（或者是在筍入油鍋前先用醬油醃一下亦可）。撈起的筍就是「筍脯」，可以直接吃或拿來炒菜；經過熬油後的筍脯可另外放，但無法久存，如果要放的時間比較長，必須浸在筍油中存放在冰箱裡。

筍油製作好之後，筍脯可以直接作為澆頭，下一碗麵，淋上筍油及醬油，再放上筍脯，就是很好吃的筍油拌麵。還可以把筍脯加上肉絲、香菇一起炒，完全是看自己想吃什麼就拿

1｜筍脯
2｜筍油拌麵

來炒。筍油非常適合做素料理，代替素高湯的鮮味，對於吃素的朋友來說可以吃得很美味。

「油燜筍」及「鹹菜肉絲炒春筍」是江南人很愛的家常菜。油燜筍是用醬油來醬燒，我們家裡喜歡用蝦籽醬油來燒；而「鹹菜肉絲炒春筍」則可以配粥、配飯、拌麵，只要有這道菜，我都可以吃下兩碗飯。

不過說到春筍的菜餚，在江南第一個想到的還是「醃篤鮮」。在上海也是如此，有春筍才有醃篤鮮。很多朋友常問我，為什麼在臺灣吃到的醃篤鮮與上海不同？我想是理解上、食材上都有不同，而最大的不同應該是筍的味道，如果不是比較過，是真的無法得知味道的差異。

用臺灣的筍煮出來的味道，與上海完全不

油燜筍

同。首先，上海做醃篤鮮是有春筍時才會做，講究時令菜的餐廳，過了春季就不會再做醃篤鮮。再來是，上海的醃篤鮮不會放很多食材，並不像臺灣朋友以為的還要放青菜類的蔬菜。並且，也不放火腿，而是放鹹肉，用鹹肉可代替鹽並提香，頂多在淮揚地區以「風鵝」或「風雞」來代替鹹肉；不過上海人很愛吃鹹肉，即便是放到湯裡，也還是要取出來吃的，所以不能把鹹肉燉爛。

現在上海餐廳裡新式的醃篤鮮，有的也會放萵筍，吃的是清香。如果是用萵筍代替春筍，其實醃篤鮮的味道並不會更好；這就像臺式的醃篤鮮會放青江菜等其他食材一樣，對於湯頭的鮮味並沒有太大幫助。老派的醃篤鮮做法，除了鮮肉、鹹肉、春筍之外，只有外加百頁結，湯裡不能有任何其他多餘的食材。至於會放百頁結，主要是可以吸附湯的油脂，同時百頁結也會比較好吃。

醃篤鮮這道菜的名稱，顧名思義：「醃」是鹹肉，「鮮」是鮮肉，「篤」則是小火慢燉發出來的聲音。好吃的醃篤鮮是喝起來有奶味，奶味來自於鹹鮮肉的小火慢燉，再加上春筍混合而成的滋味，重點不在顏色，因此，煮出來的湯底，不一定非得是奶白色；清湯有味，才是最高級的。若是喜歡奶白湯這樣的風格，可以加一、二小匙的豬油，大火煮開十分鐘後再轉小火慢燉，讓蛋白質乳化，即成為奶白色的湯。

相對於臺灣喜歡用筍來煮雞湯，在上海的家庭裡幾乎是看不到的，上海人認為筍應該是和豬肉搭配，而非雞肉。這真是各地飲食習慣的大不同。

醃篤鮮（6~8 人份）

食材：帶骨的蹄膀肉一斤半，鹹肉一塊，春筍幾支，百頁結少許，薑片幾片

調料：黃酒，鹽

做法：

①將蹄膀切塊焯水後，入鍋放冷水、薑片及少許黃酒，大火煮開後小火慢燉煮 2 小時，直到肉香味出來。

②切一整塊鹹肉用熱水清洗一下，放入肉湯中繼續燉煮，燉煮過程中須注意鹹肉釋放出來的鹹度，若已經達到湯的鹹度，可將鹹肉取出避免過鹹。

③將春筍剝皮切塊（煮之前再去筍皮，以保存筍的鮮度）放入②中煮。

④上桌前再將百頁結倒入湯中煮沸即可（不宜煮太爛）。

⑤之前取出的鹹肉可以切薄片放另一盤中食用，若鹹肉本身不是很鹹，可以丟進湯裡；若湯不夠鹹，可再用鹽調味。

⑥湯鍋旁可以放一碟醬油作為蹄膀的蘸醬，以解膩。

備註：

①臺灣的豬肉有的養殖期比較長，需要燉煮的時間會長一點，肉香味才會出來。豬肉與鹹肉的比例是 2：1，要看鹹肉的鹹度來調整。

②若是用臺灣的筍，須留意筍是否有苦味。若有苦味，須焯水或用洗米水煮一下。

③臺灣的百頁結與上海不同，很厚，需提前用蘇打發過再泡水，燉煮時間要長才會軟（百頁結可放可不放）。

春令時蔬 —上—

薺菜、菊花菜、蒿筍

春天是野菜上市的季節，前文介紹了三種春天的芽菜，本篇再繼續介紹江南一帶常吃的蔬菜。每到春分時節，蘇州人都要吃「七頭一腦」。「頭」指的是植物的苗或嫩莖部位，傳統的「七頭」是：枸杞頭、馬蘭頭、香椿頭、薺菜頭、苜蓿頭（也就是草頭）、豌豆頭、小根蒜，有人還把蕨菜頭也列入其中；而「一腦」指的是菊花菜（南京人稱菊花腦）。不過，上海人並沒有蘇州人這麼講究，甚至很多人連枸杞頭、菊花菜也很少吃。

小根蒜

大部分的蔬菜在菜市場都能買到，少數菜攤有賣菊花腦；小根蒜及蕨菜則在市場上極少見到，倒是自家樓頂上春天時能挖出不少小根蒜。小根蒜在大陸很多山地及北方都有，不過因為上海市場太少見到，本書就不多介紹。

春季蔬菜有些共同的特性，多為清熱解毒，比較寒涼，如果體質比較寒，在料理上可以加少許薑絲來驅寒。

【薺菜】

在農曆三月三的「上巳節」，傳統是祈求

除去凶疾的日子，江南一帶有「三月三，薺菜當靈丹」、「三月三吃地菜煮雞蛋」等傳統習俗，地菜就是薺菜。做法是將新鮮的薺菜（必須用已經開花的薺菜）洗淨後捆成一束，放入雞蛋、紅棗、生薑一起煮，蛋熟後用湯匙敲破蛋殼，繼續煮十分鐘，然後關火燜二十分鐘即可食用。剝蛋喝湯，這湯喝起來甘甜，老一輩的說是中午吃了腰板好，下午吃了腿不軟。

在上海，以前有「陽春拾薺」的習俗，薺菜從來不是在菜市場買的，而是到了春天時，去挖野生的。為什麼是用「挖」的，它不是青菜嗎？其實，野生的薺菜是貼地長的，不大，若不用挖的，並不好採。薺菜的花及種子很小，很容易隨處飄，然後就發芽；在過去，城市裡沒有這麼多大樓，只要有土壤，就很容易見到薺菜；包含自己家樓頂的盆栽中都能見到。如今因為都市化，

薺菜煮雞蛋

開花結子的薺菜

到處大樓林立，想要隨處挖薺菜就比較難。

為什麼上海人喜歡野生薺菜呢？其實野生與大棚裡種的在營養上沒有太大差別，主要是味道，自然環境溫度下生長的野生薺菜，因為溫差，植物會因為抗凍求生存而產生醣，就如同臺灣的高山蔬菜有甜分一樣。上海雖沒有高山，但溫度相較於臺灣平地低很多，因此蔬菜有它自然的甘甜；再者，薺菜有一股特殊香氣，是其他蔬菜沒有辦法代替的，它的香氣就來自於根莖部位；野生的香氣濃厚，大棚種出來的味道淡，這也是為什麼大家都喜歡吃野生的。

如果不是一個常在菜市場買菜的人，可能看到野生薺菜也不一定認得出來，因為它非常醜，還會帶著很多土，這就是前面說的薺菜需要「挖」；菜攤在賣薺菜時也不會先清洗，因為這樣比較好保存，只是買回去時就要清洗很多遍。薺菜的生長期是從冬到春，春季產量最旺，而洗薺菜最討厭的就是恰逢春冬兩季天氣最冷時，只得邊洗菜邊搓手保暖，先生總是問我，為何不戴手套清洗？我說洗不乾淨啊！一次次地泡水、沖水、剪掉根部，隨之從根部飄來陣陣的薺菜香氣，再麻煩也是願意。待洗乾淨後，會發現靠近根部的莖呈偏紫黑色，這就是薺菜香氣的來源，也是上海人最愛的蔬菜之一。

臺灣原住民也吃一種野生薺菜「碎米薺」，看起來很像薺菜，同樣是十字花科，開白色的花，無論在臺灣或大陸各地都見得到，也是在春天未開花時採摘，原住民會拿來做餡料或者做湯。臺灣這幾年也有一些小農種薺菜，多數是屬於大葉薺菜，由於大家認識不深，價格又比一般蔬菜貴，只有少部分地方有販售，特別是針對喜歡吃江浙菜的朋友。不過可能是臺灣天氣不夠低溫，薺菜的香氣總不如江南一帶。

1｜野生薺菜
2｜碎米薺

在上海，走在路上看到包子饅頭店，一定會有「薺菜肉包子」，餛飩店裡則有「薺菜肉餡餛飩」；湯圓店有「薺菜湯圓」，特定時期更有清明前的「薺菜肉餡青糰」。此外，還有各種家常做法：薺菜百頁包、薺菜炒年糕、薺菜豆腐羹、薺菜炒冬筍等等，薺菜在上海人平日的生活裡無處不在。而我最喜歡吃的菜飯是用薺菜做的，餛飩也因為有了薺菜才開始喜歡。

大部分的蔬菜不適合冷凍存放，但薺菜無論是新鮮或冷凍，滋味依舊好，因此許多人會

薺菜春筍炒年糕（4 人份）

食材：切片的寧波年糕一斤，薺菜 250g，春筍（或冬筍）一個，肉絲少許

調料：黃酒，醬油，鹽，少許糖，油

做法：

① 薺菜及筍洗淨，分別切細，肉絲用少許黃酒醃一下去肉腥味。

② 鍋中倒油，倒入肉絲煸炒，再放春筍，最後放薺菜煸炒。

③ 調味，放鹽及少許糖，加少許水煮開，放寧波年糕。

④ 年糕煮軟後，收汁即可。

備註：

① 年糕不能多燒，否則太爛不好吃。

② 如果是當主食，年糕分量可以增多。

在冬季到春季盛產野生薺菜時，買回去洗淨焯水後冷凍保存。一些住過上海的臺灣朋友，離開上海後，都會懷念薺菜的味道，所以他們若是春冬兩季來上海，也會在上海處理好薺菜帶回臺灣，一旦想吃就隨時可用。臺北的南門市場有一家店販賣冷凍薺菜，儘管價格高些，但實在買不到薺菜時，還是可以去買冷凍薺菜。

有一種說法是：薺菜諧音「聚財」，這也難怪許多人會喜歡。

【菊花菜】

菊花菜又稱「菊花腦」，是江蘇南京一帶的特產，其中南京栽種時間最長。在南京人心中，春天除了食用菊花菜之外，還有幾種蔬菜：薺菜、茼蒿、馬蘭頭、草頭、莈兒菜（也就是野莈白）、馬齒莧、枸杞頭共八種，稱「金陵八野」。

菊花菜相較於其他春季野菜，產季比較長，從春末到秋天前都能採收，秋日下霜後，葉片逐漸變小；有花苞後，葉子就老了，秋末便開出菊花，冬天會枯萎，直到春天再發芽。菊花菜不適合久存，也不像有些蔬菜可以曬乾儲存，最宜鮮吃。買的時候最好不要買有灑水的，水多容易爛，且會發黑。

菊花菜在上海並不好買。蘇州人也會食用，分為大葉及小葉，兩者味道相同，就是葉片大小有別。大葉是最主要的食用品種也比較常見，在蘇州、南京一帶，有的家庭還會在家門口種上一些，可以隨時採摘嫩葉食用。早幾年我也在樓頂種了一些，但它的種子擴散得太厲害，把其他植物的盆栽都占滿了，後來我就少種，

1｜自家樓頂的菊花菜
2｜自家樓頂上開花的菊花菜

僅留一些作為備用。

上海人之所以少吃，是因為在菜市場並不常有菜攤販賣，多是農家自種或者一般人在家栽種。一直和我們往來的一個菜攤有賣，他是上海南匯人，但實際上他自己家裡也不太吃菊花菜，每回我們有需要，都會提前預訂。有回又和菜攤老闆預訂，說明天來取，菜攤老闆說：不能保證一定有哦！隔日去取菜時，老闆對先生說：「你今天是不是要做菜飯啊！我也想吃呢！留給我一盒，以後買菜更優惠，哈哈！」雖說是玩笑話，我們也答應他，這也是賣菜與做菜互相交流的方式，因為賣菜的攤主不一定對每種菜都熟悉吃法，他幫我們找菜，我們告訴他做法，也便於他賣菜時告訴其他客人如何料理。

菊花菜有股菊花清香味，先生認為很適合做菜飯，這是不同於南京人的料理方式。南京人都以「菊花腦雞蛋湯」為主（也有很多家庭喜歡用鴨蛋來燒），特別是夏天，除了做湯外，南京人還會清炒或與蘑菇做成羹。曾經在南京的餐廳還吃過用菊花菜做成的糯米餅，但並沒有特別好的滋味，可能是比較油，而失去了菊花菜的清香味。

菊花菜蘑菇羹（4 人份）

食材：菊花菜半斤，蘑菇 100g

調料：植物油，芡粉，鹽

做法：

① 菊花菜洗淨，切碎。

② 少許油入鍋，煸炒蘑菇後，加入菊花菜。

③ 煮開後調味，勾薄芡即可。

備註：

① 菊花菜不宜多煮。也可以用薺菜代替。

② 除了蘑菇，也可以放少許筍；不喜蘑菇，可換成雞蛋或鴨蛋。

【萵筍】

在漢代時，萵筍就已經沿著絲綢之路傳入中國，在中國培育出莖用萵苣，莖肥嫩如筍，所以叫萵筍。大陸萵筍根據葉片形狀，分成尖葉與圓葉；依莖的色澤則區分為白筍、青筍和紫皮筍。在臺灣，萵筍則稱為「菜心」，多半是冬天才有，大部分看到的都是尖葉，菜攤經常將菜心葉剝掉丟棄不用。但是對上海人來說，萵筍葉是大部分上海家庭用來做菜飯的最佳蔬菜。

上為圓葉萵筍，下為窄葉萵筍

在上海，早期萵筍多為春季才有，現在因物流便利，幾乎是一年四季都有的蔬菜，只有夏天會比較少，因夏令的萵筍水分多，易腐爛不好保存；而春季一開始是從較冷的蘭州運輸過來，然後一直吃到上海本地種。若是要吃上海本地種萵筍，只有春季才有；本地萵筍是圓葉，較為矮胖，顏色略深，味濃。上海人喜歡稱萵筍為「香萵筍」（發音為「wu-ju筍」）。對萵筍不了解的人，有時會誤以為是筍的一種；不過上海人還真會把萵筍和筍放在一起食用，在本地種的萵筍上市時，同時也是春筍上市的時間，兩者相拌，食材相互搭配，叫「拌雙筍」。

當食材產量多、來不及吃完，或是想留存食材繼續享用時，曬乾或醃製是最理想的方式，萵筍也不例外，特別是新鮮萵筍並不利於長時間保存。可將萵筍去皮後切片或切長條，少許鹽醃一下，讓萵筍脫水後曬乾儲存；這也是一

拌雙筍，用蝦籽醬油拌

萵筍乾炒臘肉

些農家保存食材的方式，到了沒有萵筍的季節就可以用來料理。把萵筍乾再泡水瀝乾，用來炒臘肉或肉片就是一道下飯菜，吃起來口感清脆，和貢菜很像，嘎吱嘎吱地響。

萵筍乾

來家裡用餐的客人中，只要是上海人來用餐，第一道吃完的前菜幾乎是「萵筍拌海蜇」，客人還總會告訴我：這就是小時候的味道！但是現在在餐廳幾乎吃不到。為什麼餐廳不做呢？一是生食；二是萵筍必須先做處理，因為它本身略有苦澀味，要先醃漬去澀。但萵筍不適合放隔夜，若沒有用掉，很容易壞；因此餐廳現在幾乎沒有這道前菜。

不過，它卻是上海老一輩家庭很愛做的一道料理。這道菜最關鍵的是蔥及綿白糖。蔥要用小蔥，在臺灣可以選擇烏來的珠蔥。綿白糖則是選用甜菜根做的綿白糖，它與蔗糖做出的綿白糖味道略有差別，甜菜根做出的綿白糖口感細緻，能快速融化，甜度較低，不膩口，最適合做涼拌菜。但是在上海，甜菜根做的綿白糖現在也不好買到，大產區是在東北，拜物流之方便，現在都可以在網路上買到；在臺灣則可以在做甜品的材料店或臺糖買到。

許多臺灣朋友也很喜歡這道涼菜，每次我們回臺灣做菜，吃過的朋友都會指定這道涼菜。在家裡做也是很方便的，以萵筍拌海蜇為基準，在夏天時可加入季節性的崇明金瓜絲，冬天時亦可加入白蘿蔔絲，更增添豐富的食用層次。

萵筍拌海蜇（4 人份）

食材：萵筍一根，海蜇皮半張，小蔥幾根

調料：鹽，綿白糖，少許油

做法：

① 將萵筍去皮切絲，用少許鹽醃漬 2 小時。

② 將海蜇皮洗淨泡水，需要換幾次水，2 小時後切絲，泡在冷開水中。

③ 小蔥切末。

④ 將①及②分別擠乾水分，將海蜇絲放在碗底，再將萵筍絲放上，鋪上少許綿白糖，上面再放蔥末。

⑤ 熱鍋放入少許油燒熱，將熱油淋到蔥末上，形成蔥油，再用筷子將海蜇萵筍拌勻入盤，即可上桌。

備註：

① 在臺灣可以選擇烏來的珠蔥來取代小蔥。

② 若吃素，海蜇皮可用白蘿蔔代替，蘿蔔有辣味，醃漬的時間需要長一點。

春令時蔬 ─下─

蠶豆、蘆蒿

【蠶豆】

我初到上海時，春天去逛菜市場發現到處都有賣蠶豆，有含豆莢的，也有剝好的；相較之下，臺灣幾乎見不到完整的蠶豆新鮮食材，除非在臺北的南門、東門市場及少數市場，才能見到。主要應該還是臺灣天熱不適合種蠶豆，又因臺灣是蠶豆症的好發地區，所以蠶豆從來不會當作平日蔬菜，大多能看到的蠶豆是零食「蠶豆酥」；相反的，在上海人家庭裡，蠶豆是最最喜歡的常吃食材，一年之中，上海人在不同的時節會有不同的吃法。

開春時，新鮮的蠶豆上市，初上市的蠶豆是屬於日本品種，上海人叫它「客豆」，這種豆莢比較大。在鮮嫩的蠶豆期，上海人通常不會買剝好的豆莢，為了求鮮味，只在料理前才開始

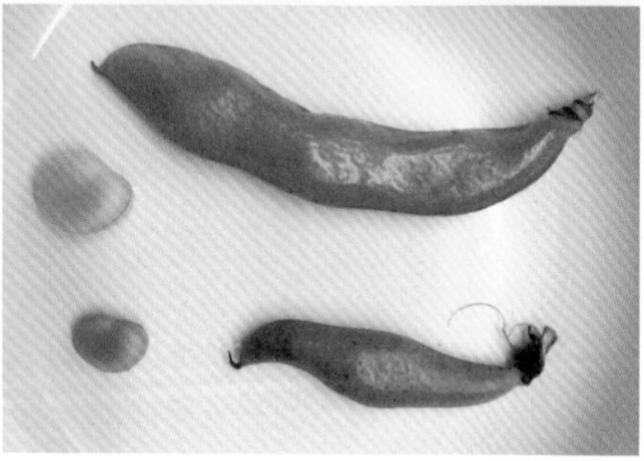

1 ｜日本品種蠶豆
2 ｜上為日本豆，下為上海本地豆

剝；且不能清洗，因為豆莢裡面本身是乾淨的，洗了鮮味也容易跑掉。剝好的蠶豆要在一小時內做「清炒蔥油蠶豆」，這時候吃是取蠶豆的嫩，蠶豆薄皮到都可以入口；如果是剝好幾小時後才料理，蠶豆皮容易風乾，口感就老了，嘴巴挑的上海人，一吃就能吃出蠶豆是不是現剝的。

1｜蔥油蠶豆
2｜蠶豆黑色嘴巴

蠶豆是一天一個面孔，今天很嫩，明天或許就變老。當豆粒上長出了黑色的嘴巴，就表示已經老了，澱粉質多了，這時候將薄殼也剝掉，就變成了「豆瓣」，可搭配其他食材料理；待澱粉質變多後，拿來做「蠶豆泥」，則是取蠶豆的香滑口感，也是蠶豆即將謝幕的時節了。

到了四月中旬左右，上海本地蠶豆才上市。本地豆的豆莢比較小，顏色也比較綠，蠶豆的豆香味濃，這個才是上海人的最愛，尤以三林塘產的最出名。曾經遇過一位客人說他的父親非常愛吃蠶豆，在本地豆上市後，他會清出冰庫的食材，把空位全留給蠶豆，只為了確保一年都能吃到新鮮蠶豆的口感。冰過的蠶豆用來炒菜料理，其鮮度還是有少許的差別，不過為了喜愛，只要能吃到，都是有幸福的感覺。

蔥油（鹹菜）蠶豆泥（4 人份）

食材：新鮮蠶豆半斤，小蔥（或鹹菜）

調料：鹽少許，油少許，水

做法：

① 將蠶豆豆瓣剝好後，放入碗中，加少許水，用蒸鍋蒸熟。

② 小蔥（或是鹹菜）切末。

③ 炒鍋中放少許的油，將蒸好的蠶豆倒入翻炒。

④ 加一些水到鍋中，慢炒到蠶豆逐漸化開，加少許鹽調味（若是放鹹菜末，要注意鹹度）。

⑤ 最後放蔥末（或鹹菜末）拌炒均勻即可。

備註：

① 臺灣多數能買到的是剝殼的蠶豆，價格較高；可用皇帝豆代替蠶豆來做。

② 如不想做蠶豆泥，直接用蠶豆豆瓣炒鹹菜即可。

上海還有些地方，在立夏時，會做蠶豆飯（或者是放豌豆），是以糯米來做的菜飯，當然也可以用白米來做，稱為「立夏飯」。有些上海人家裡很喜歡吃蠶豆菜飯，也不一定是立夏才做，只要有蠶豆都喜歡用它做菜飯。立夏後，夜開花（也就是瓠瓜）上市，上海人喜歡用夜開花清炒豆瓣；有的還會加番茄一起燴炒，喜歡多湯的，湯水可以多些當作湯菜。這樣的吃法帶著些許的酸味，在初夏時期吃，是一道很清爽的菜。

到了五月分蠶豆快下市前，有些人不想冷凍，會將蠶豆帶殼曬乾儲存，等到夏秋如果還是想吃，就可以將曬乾的蠶豆泡水發芽，這叫「發芽蠶豆」。不想自己做也可以，菜市場的賣黃豆芽的攤位上也都有賣。發好的蠶豆，江南人喜歡用切碎的「鹹菜」來燒，如果鹹菜不夠鹹會再加「鹹菜滷」（醃製鹹菜時出的滷汁）來燒，做成「鹹菜燒發芽豆」。這是上海人的零食、前菜或下酒菜，同樣的方式也可以用來燒新鮮的帶殼花生。

1｜鹹菜炒蠶豆瓣
2｜鹹菜燒發芽豆

蠶豆立夏飯

夜開花番茄炒豆瓣

鹹菜與豆瓣的搭配應是最佳的。清代袁枚的《隨園食單》也提到：「新蠶豆之嫩者，以醃芥菜炒之，甚妙，隨采隨食方佳。」有一回去南翔古猗園春遊，在園林旁的南翔小籠吃湯包，無意間在菜單上看到有「鹹菜豆瓣湯」；吃一籠湯包點上一碗「鹹菜豆瓣湯」，原是上海人傳統的搭配，反倒現在在市區已不常見。

除了這些吃法外，我還喜歡吃紹興的「茴香豆」，每回吃茴香豆就想起了魯迅先生筆下對於小人物的描述：「孔乙己一到店，所有喝酒的人便都看著他笑，有的叫道：『孔乙己，你臉上又添上新傷疤了！』他不回答，對櫃裡說，『溫兩碗酒，要一碟茴香豆。』」如今只要到紹興遊玩，在店裡零拷（秤斤零賣）黃酒喝時，就會想起那失意的孔乙己喝著悶酒、吃著茴香豆，總忍不住想點來吃吃；相較於同樣用多種香料製作的上海旅遊特產「五香蠶豆」來說，我更喜歡紹興的茴香豆。

還有一個影響大江南北的醬料，也是用蠶豆發酵而成，那就是「郫縣豆瓣醬」。有趣的是，

上海孔乙己飯店的茴香豆

這豆瓣醬並非四川人做出來的，而是移居到四川郫縣的客家人做出的；後來這醬料不僅影響了川菜的菜色，也成了川菜的靈魂調料，更是許多家庭的常用調味料。當地四川人老一輩的家庭大半依舊是自己做豆瓣醬，每個家庭都有自己家做的味道；不會做的，在各大超市也都能買到。

【蘆蒿】

小時候唸書時讀中國詩詞，對於字裡行間的描述，覺得不過是字詞而已，理解的只能是文字上的解釋；直到長期在大陸居住後，才逐漸體會到許多詩詞中的意境與述說。比如蘇軾的〈惠崇春江晚景〉：「竹外桃花三兩枝，春江水暖鴨先知，蔞蒿滿地蘆芽短，正是河豚欲上時。」描述春天到了，就是該吃簍蒿、河豚的時節，而蔞蒿就是蘆蒿。即便小時候就看過這詩詞，仍始終不能理解蘆蒿的滋味。

等嫁給上海先生後，家裡的飲食都是隨四季食材而食用，到了春天都會買蘆蒿來吃；若說起蘆蒿的清香味道，還真的很難形容，只說得出帶有一股野味。直到看到作家汪曾祺的一篇文章裡形容蘆蒿：「就像是春日坐在小河邊聞到春水初漲的味道。」當我再吃過蘆蒿，真覺得汪先生對於蘆蒿的形容實在好具體！

說到蘆蒿就想到南京人。南京人對蘆蒿、菊花菜特別鍾情；尤其是蘆蒿，在我所認識的南京客人中，沒有一個不喜歡吃蘆蒿的，當地人還把它和板鴨相比，說「葷有板鴨，素有蘆蒿」，可見得南京人對於蘆蒿的重視，把它與南京人天天都要吃的板鴨相提並論。

南京人這麼形容蘆蒿：「正月蘆，二月蒿，三月四月當柴燒。」說明了蘆蒿可食用的季節不長，農曆二月的蘆蒿嫩莖是最佳的，隨著氣溫的升高，蘆蒿就老到可以當柴燒，所以早春的蘆蒿是食用的最好時節。蘆蒿是不吃葉子的，在菜市場經常看到的是已經去掉葉子的蘆蒿，假如沒有去葉子，很容易和春菊混淆；甚至如果一閃神，不小心也會把茼蒿菜苗誤認成蘆蒿。先生有一次去菜市場買蘆蒿回來，我整理菜時問他：你買茼蒿菜幹嘛？他說我沒買啊！結果是拿錯了。

蘆蒿

青綠色的蘆蒿一眼是看不出老嫩的，一定要用手掐摘才知道，必須從底部鮮嫩處一寸一寸地掐，掐不動的部分就扔掉。若用刀切，一來會有刀的生腥味；再者若老了也不易發現，炒出來吃時容易有渣。對於蘆蒿，南京人有個說法：「一尺扔八寸。」有時候今天吃的嫩，隔兩天一不小心就會買到老的。採買蘆蒿時，注意不要買太細的，因為不是細就一定嫩。春天的蔬菜有個特性，由於冬藏時間長，剛發芽的蔬菜必然會比較粗壯；隨著天氣逐漸炎熱，春季蔬菜才會越來越細長，葉子也會越來越小。

蘆蒿並不是南京或江南獨有，同樣有很多水生食材的湖北及其他地區也都有，他們稱蘆蒿為「籬蒿」，湖北人的吃法是用來炒臘肉。在淮揚地區，春季時也會把它做成清香味的野菜燒賣，就是不多見，如果看到可以點來嘗嘗。

帶有清香味的蘆蒿，最基本的料理方式是清炒。江南一帶在炒青菜時，極少像臺灣人通常習慣搭配蒜頭來炒。曾經我也對此疑惑，問先生，他說：老一輩的上海人不喜歡蒜頭的味道，吃了口腔有味道，對人不禮貌；再來是放了蒜頭，壞了一些蔬菜應該有的好味道。但其實也並不是都不能搭配蒜頭，像炒莧菜時就會放蒜頭末，還是會因應著蔬菜的不同而改變。

蘆蒿的最佳搭配則是黑色的臭豆乾，這是南京人的最愛，香臭之間的混合絕味，是這菜的特別之處。臭豆乾是先用水及黃豆磨成漿，煮後過濾、點鹵，先做成豆腐腦，而後壓製做成豆乾，再把它浸在滷汁裡上色。滷汁是以臭莧菜梗、黑芝麻、黑豆、南燭葉、鹽做成的，其中臭莧菜梗是讓它發酵；黑芝麻、南燭葉是上色，使外表呈黑色。慢慢咬，有著和臭豆腐相同的味道。有些臺灣朋友覺得臭豆乾太臭了，很不習慣這樣的味道，改成一般的豆乾也可以。

蘆蒿炒臭豆乾（6 人份）

食材：蘆蒿一把，臭豆乾 2 塊

調料：油，鹽

做法：

① 蘆蒿先摘成段，臭豆乾用清水略洗後切細。

② 鍋中入油，倒入臭豆乾煸炒，待臭豆乾外層有點硬，倒入蘆蒿段快炒。

③ 視臭豆乾鹹度來放鹽，關火起鍋裝盤。

備註：

① 蘆蒿不能炒太久，一般 1 分鐘內即可。

② 若不用臭豆乾，可以用一般豆乾，或者肉絲也可。

卷三　河海鮮味

在江南，對於河蝦的基本要求是吃活蝦，煮之前必須是活跳跳的，才能體現河蝦的鮮美，享受蝦肉入口的彈性。

河蝦之鮮

白米蝦、籽蝦、糠蝦

身為臺灣人，在日常餐桌上自然以海鮮為主，對於河蝦的認識，基本上是來自於一些山產小店中的「炸溪蝦」及少數的河溪魚類；直到居住在上海，才真正理解到書上所描述的「靠山吃山，靠水吃鮮」的河鮮之鮮。

因水域環境的關係，臺灣溪蝦產量不多，並且蝦身較為瘦小，剝不太出蝦仁，以炸物的方式料理是很適合；而江南的河蝦長於湖泊江中，大大小小皆有，也有不同的河蝦品種，隨著季節還可以品嘗到河蝦不同料理的滋味。江南不同於臺灣吃海蝦的習慣，臺灣捕撈的海蝦為求鮮、滅菌，經常是打撈上來後直接冷凍，所以在臺灣吃冷凍蝦極為常見；而在江南，對於河蝦的基本要求是吃活蝦，煮之前必須是活跳跳的，才能體現河蝦的鮮美，享受蝦肉入口的彈性。

上海菜市場賣蝦的攤位上有各種蝦，主要以大小及公母來區分價格，越大越貴。第一次在上海買蝦時，看到蝦攤的每個養蝦槽中都放了幾塊小油豆腐，好奇地問賣家：這油豆腐是要做什麼用？她讓我猜。我猜不出來，原來答案是：為了保證河蝦能活，會打氧氣到水裡，因而產生水泡；但若水泡太多，客人買蝦時會看不清楚大小，因此要用油豆腐吸泡泡。

河蝦中最常見的兩大品種，是春天的「白

米蝦」及黃梅天開始的「青蝦」；尤其是青蝦，上海餐桌上的各種河蝦料理，幾乎都能見到牠的身影。在冬日溫度低時，另有一種長不大的「糠蝦」，比櫻花蝦還要小，則是做蝦醬的最好原料。

我們家裡的飲食習慣有很大部分來自於蘇州，而第一道菜必是蝦料理。後來我才知道，因為蝦仁在蘇州話中和「歡迎」讀音相似，因此蘇州的家庭或者餐廳宴客，通常第一道熱菜多是河蝦或蝦仁料理，取此諧音來歡迎客人。

【春季的白米蝦】

所謂的「太湖三白」中，其中一味就是白米蝦（另二味為白水魚及銀魚），臨近太湖的城市幾乎都會做三白料理。春天裡我最愛吃白米蝦，在青蝦上市前的三、四月分，正是白米蝦最飽滿的時候，蝦殼色淡且薄，最簡單、最好吃的方式就是水煮，即能呈現蝦的清甜。許多臺灣朋友不太吃河蝦，我經常鼓勵他們嘗試一下，有人覺得河蝦很小，不像海蝦大而肉多，懶得一個個剝，但活河蝦現煮後的蝦肉緊實及鮮甜，的確是海蝦比不上的。很多臺灣朋友吃到好吃的白米蝦後，對於河蝦的觀感立即有所

水煮白米蝦

不同，甚至還常要求，下次來用餐時，如果有白米蝦一定要做這道菜。

還有一種長江白蝦，煮完後依舊偏白色，最早說的白米蝦就是這種，只是現在在市場幾乎看不太到；前年某天在蝦攤上正好遇到，於是買回家，這是我唯一一次吃到，後來再也沒碰到過。

江南人吃河蝦與我們不同，特別是蘇州人，河蝦相對於海蝦小，他們不用手剝，而是用舌頭在嘴裡將蝦肉取出，可以吐出完整的蝦殼，並且還能將蝦殼好好地排列在餐盤上，這個我到現在也做不到。

除了白煮外，上海及蘇州人還喜歡用白米蝦做「熗蝦」。熗蝦必須用活蝦，是在上桌前才料理，常用玻璃器皿盛裝，好讓客人看到活跳跳的鮮蝦。

長江白蝦，左為已煮，右為生的

蘇州客人食用後的河蝦殼

南乳熗蝦（4 人份）

食材：白米蝦 250g，薑少許

調料：白酒，南乳汁

做法：

① 將活的白米蝦洗淨瀝乾，用冷開水過清再瀝乾。

② 把薑切末，少許南乳汁放進玻璃碗中。

③ 把白米蝦倒入②碗中，倒入少許白酒，蓋上碗蓋即上桌。

④ 上桌後，稍微晃一晃碗，讓碗中活跳跳的白米蝦入味即可。

備註：

可改用其他種類的小活蝦，不要用大蝦。

【黃梅天的籽蝦】

「青蝦」是河蝦中常見的河蝦品種統稱，還可細分各品種，市場上也分公母及大小來販售。在白米蝦下市後，黃梅天登場的是「籽蝦」，籽蝦顧名思義就是帶卵的河蝦，也就是母蝦，一年之中僅在五月下旬到七月中旬前盛產。

三蝦料理是黃梅時節才會出現的料理，一年中僅在這短短的兩個月內才有；「三蝦」不是指用三種蝦，而是指用蝦的三個部位來做料理：從籽蝦中剝出的「蝦仁」、「蝦籽」（即蝦卵）及「蝦腦」。這些年，用三蝦來料理最富盛名的就是蘇州的「三蝦麵」，到了這季節很多人會趕往蘇州吃一碗不便宜的三蝦麵，如今在上海的蘇州麵館裡也能吃到。

在過去，蘇州三蝦麵從來也沒像這些年來

蘇州麵館的三蝦麵

刷下蝦卵

乾蝦籽

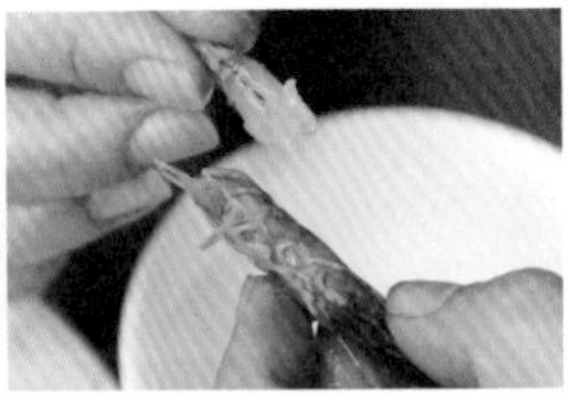
出蝦仁

這麼盛行；現在，彷彿沒吃過三蝦麵就像是沒到過蘇州一樣。其實三蝦料理一直存在於蘇州人家裡，蘇州臨近太湖，河蝦對於他們來說是很容易取得的一樣食材；巧用食材，保留食材最大的鮮味是蘇州人擅長的，也是蘇州人精緻生活的典範。

三蝦的處理過程是這樣的：首先，備蝦籽。到蝦攤買回活的籽蝦，稍微清洗後放一盆中；再拿一小碗在碗中放少許水，在水中用牙刷把蝦卵輕輕刷下；全部刷完後，聚集在小碗中略清洗沉澱，然後放少少許水及蔥薑去腥，蒸過納涼。蒸的方式是家庭做法，因為量不多；至於餐館的做法是用炒的，炒的好處是可以久存，否則大量的河蝦卵很容易變質。若想長期保存河蝦卵，也可以做成乾蝦籽，家裡最簡單的方式就是在蒸過後加少許醬油拌勻（或者不加），放入烤盤壓平，採低溫烘乾，待涼後裝瓶即可；當然如果不想自己做，一些商店也有賣。做好的乾蝦籽可以拿來做料理，甚至和麵團，做成「蝦籽麵」。

接著，剝蝦仁。刷蝦卵之際，把刷過的河蝦直接丟進已放了幾塊大冰塊的盆中，讓河蝦冰鎮一下，會比較好把蝦仁取出。蘇州人認為蝦仁不是用剝的，而是巧用雙手將蝦肉由兩端擠出，所以叫「出蝦仁」；記得我第一次處理河蝦仁時，學了好一陣子才能快速靈巧地把蝦仁整個好好擠出，其實最關鍵的就是用冰塊冰鎮河蝦，這樣可以讓蝦殼與蝦肉略分離，用雙手的巧勁輕鬆取出蝦仁。有時候使力不當，很容易把蝦肉扯得不完整。

最後，取蝦腦。將蝦頭加少許水及蔥薑蒸或煮熟後納涼，再一個個把蝦腦取出。這樣才算是把三蝦都準備好。不熟悉作業的人，要花近兩小時，才能把一斤（五百克）的大籽蝦在料理前準備好。

準備好三蝦，可以活用於很多河蝦料理，像是炒三蝦、做成三蝦麵或是三蝦豆腐；單獨的蝦卵可做蝦籽醬油或乾蝦籽，蝦仁則可做清炒蝦仁或蝦餅子、蝦丸。

1｜準備好的三蝦
2｜蝦籽醬油

其中，「蝦籽醬油」是最能保存鮮味的醬料。過去在蘇州幾乎都是自己在家做，現代人嫌麻煩就直接買，不過，工廠做出來的，的確沒有新鮮做出來的好。在家做，是用處理好的蝦卵放入好醬油裡小火煮，加上少許的糖（也有人會加上陳皮之類的香料，

油條沾蝦籽醬油

甜度視個人口味而定）；煮開後放涼裝瓶，淋少許的白酒封存即可。做好的蝦籽醬油，最簡單的就是沾油條享用，立刻使油條提升一個檔次，這是先生最愛吃的搭配；早期，白斬雞最好的蘸料就是蝦籽醬油，如今上海已經不常見，但蘇州仍有一些店家堅持著傳統，我們自家也依然如此。除了做蘸料外，用蝦籽醬油來做油燜茭白、油燜春筍及拌麵是最常見的，也可以在蒸蛋蒸好時淋上少許作為調味。

高郵的小餛飩湯

過去我一直以為最常使用蝦籽醬油的是蘇州，到了高郵才知道，高郵早餐的陽春麵及下午點心的小餛飩，都離不開蝦籽醬

三蝦豆腐（6~8 人份）

食材：籽蝦一斤，盒裝絹豆腐 2 塊，蔥幾根，薑幾片，蛋清，香菜少許

調料：鹽，豬油，植物油

做法：

① 先按前文所述方式處理籽蝦，剝出蝦籽、蝦仁、蝦腦，留下蝦殼。

② 蝦仁先用比較多的鹽醃 5 分鐘，再用清水洗，完全瀝乾後，加入少許蛋清、少許鹽再漿（也可以放少許澱粉）；蝦卵、蝦腦備好。

③ 豆腐選用盒裝的絹豆腐，先取出靜置 2 小時讓豆腐出水，然後切塊。

④ 拿剝掉的河蝦殼加蔥薑及水，煮成蝦湯備用。

⑤ 鍋中放豬油，放蔥段及薑片煸炒後取出，放蝦腦煸炒到鍋裡的油變成紅色，再放蝦卵炒。（留下一小部分蝦卵炒蝦仁）

⑥ 將豆腐放入⑤中，加少許蝦湯燒，用鹽調味，滾後倒入砂鍋，放旁邊爐火小火繼續燒，燒到紅色的蝦油都浮上來。

⑦ 鍋中放少許植物油，先炒蝦卵，炒香後把蝦仁倒入，快炒 1 分鐘內即可，倒入砂鍋中的豆腐，放上香菜即可。

備註：

如果不燒豆腐，在⑤最後放入蝦仁炒，即成為「炒三蝦」。

油，特別是小餛飩。高郵近湖，同樣盛產河鮮，他們的蝦籽醬油比較淡，因為主要是用在麵湯中，還加入了少許香料熬煮；除此之外，在料理時加入大量的黑胡椒粉，是高郵極大的調味特色。

每回做三蝦料理，時間特別緊張。先生的要求是下午五點開始處理新鮮的籽蝦，為了保持鮮味，三小時內一定要燒掉。我們不會做三蝦麵給客人吃，若一人一碗，用的蝦量得花上一整天處理，到晚上蝦仁就不夠新鮮；所以還是以三蝦豆腐為主，處理完馬上現煮的三蝦豆腐，蝦仁Q彈，湯頭也鮮美，就連不愛吃泡飯的我，這時候舀一大湯匙三蝦豆腐拌飯，馬上就可以把飯吃光光。

【夏季的青蝦】

籽蝦盛產期於七月中旬結束，市場上依舊有母蝦，只是已經不帶卵；取而代之的是，青蝦的價格開始慢慢上揚，上海的家庭主婦會斟酌價格及大小來選擇公蝦還是母蝦食用；即使是公蝦，依舊能做很多料理。這時候

1｜右為公蝦，左為母蝦
2｜蝦頭熬蝦油

自家的清炒蝦仁佐桂花醋

已經臨近夏天，蘇州人會再利用河蝦的蝦頭熬蝦油，過去蘇州的老餐廳會用紅橙色的蝦油來做清炒蝦仁，現在幾乎已經很少見到。吃的時候搭配上一碟醋，這是江南清炒蝦仁最固定的吃法；我在家做這道菜，則喜歡用自己做的桂花醋來做蘸料。

河蝦的料理有很多，可以選擇用公或母蝦做料理，無論是鹽水煮、炒蝦仁，或是做油爆蝦、河蝦炒老黃瓜，還有生的熗蝦，都是上海常見的料理；曾在紹興吃過一種當地夏日的經典組合，是梅乾菜與河蝦一起料理，可以是用蒸的，也可以是湯菜，特別

紹興的梅乾菜河蝦湯

油爆蝦（蘇州做法，6 人份）

食材：河蝦 400g，蔥段，薑片

調料：油，醬油，糖，水

做法：

① 鍋中放油，放入蔥段、薑片後再放河蝦炒。

② 炒到蝦變紅後，放少許水煮，放醬油及少許糖。

③ 煮入味後收汁，留一點醬汁即可。

備註：

① 上海做法的油爆蝦，是先將蝦過油輕炸後再煮，這樣殼肉會略分離，但鮮味比較少。

② 比較講究的擺盤，會將河蝦的螯、腳及頭部的尖刺都剪掉，並將河蝦排好。

是梅乾菜河蝦湯，也是一絕，當地人把它當作夏日的解暑湯。

【糠蝦】

有一年冬天，去蘇州橫街老市場逛，無意間看到一簍很小的活蝦蹦蹦跳跳，好奇詢問攤主，他說這是糠蝦，只在一段時間有，過了就沒有；這種蝦很小，價格不高，市場上很少願意捕撈。好奇的我當下就買了一些回來，沒想到在蘇州逛了一天，回到上海後，糠蝦居然還活著。

看著這活糠蝦，第一個想法是炸蝦餅（在臺灣用新鮮櫻花蝦也可以這樣做），詢問過蘇州的長輩，才知道原來他們都是這麼做。雖然買的不多，但糠蝦很小，總不能全做蝦餅，於是想到了臨海的城市會用海蝦做蝦醬，就動手做起發酵蝦醬。

糠蝦

炸蝦餅

做法｜發酵蝦醬

1｜將新鮮的活糠蝦洗淨後瀝乾，取糠蝦重量百分之二十到二十五左右的鹽來醃製。

2｜將醃製的糠蝦放入不透光的陶罐或瓷罐，並蓋上不透光的蓋子，最好放到露天或陽臺上能曬的地方。為什麼容器要不透光呢？因為透光了，做出來的蝦醬顏色不好看容易發黑，曬的作用主要是有溫差進行發酵。

3｜之後每天早晚搗糠蝦（開蓋後直接用木棒或石臼杵往罐裡搗碎糠蝦），搗完後壓平即可，反覆這道工序最少二十天。

4｜待發酵結束，裝瓶，上面噴灑一些白酒封存。

※ 做好的蝦醬可以用來炒空心菜、花椰菜等青菜。

※ 在臺灣想自製發酵蝦醬，礙於溪蝦太少，只能用小的新鮮海蝦來做；要選擇殼薄的海蝦，或許新鮮櫻花蝦可以實驗看看。

發酵蝦醬

糠蝦黃豆醬

炒蝦蜢醬

蝦醬除了在東南亞外，大陸地區中的香港及山東是最常見到的。有一天，看到山東客人的微信中提到炒蝦蜢醬，說是拿蝦醬加上小軟殼的蝦（也就是蜢），用山東大蔥的蔥白、雞蛋炒出來的醬，就叫作蝦蜢醬，山東人用來配饅頭。山東人還會將蝦醬拌入蛋液中攪拌均勻後蒸，是最常見的家常吃法。不過也不是每個人都喜歡，一些嫁娶到山東家庭的非山東籍朋友說，他們真不習慣這樣的蒸蛋味道。有天山東客人來家中吃飯，我們互相交流了蝦醬，她說用河蝦做的蝦醬腥味真是少很多。

做了一款發酵的蝦醬後，想再實驗其他的醬，於是用了普寧自然發酵的黃豆醬和糠蝦，一起熬煮成糠蝦黃豆醬，可以當作蘸料來拌麵及炒菜。做好了糠蝦黃豆醬，拿了一罐給打掃阿姨，她平常照顧著一位一百來歲的長輩。阿姨拿這蝦醬燒豆腐，結果長輩全吃完，還想再吃；阿姨來打掃時，問我：你這可以做了拿來賣！我說：阿姨啊，這糠蝦不是隨時都有的，做不了太多的。

蝦醬肉末燒豆腐（4 人份）

食材：肉末 100g，豆腐一塊約 500g，蔥一根，紅椒半個，蒜頭一顆

調料：黃酒，植物油，糠蝦醬 50g，鹽（備用）

做法：

① 將蒜頭、蔥及紅椒切末，豆腐切小塊備用。

② 肉末倒入少許黃酒攪拌，去腥。

③ 鍋燒熱倒少許油，入蒜末煸炒後倒入②，繼續煸炒。

④ 將糠蝦醬倒入③中炒香，放豆腐拌炒後，加少許水小火加蓋燜燒。

⑤ 待豆腐燒入味即可出鍋，裝盤後撒蔥末及紅椒末即可。

備註：

若蝦醬不夠鹹，最後嘗味道時，可適當加少許鹽。

河鮮三魚

塘鱧魚、黃鱔、鮰魚

中國人喜河鮮，主要是因為地理環境的關係，中國內陸的大江大河大湖多，除了相對極少部分的臨海城市有海鮮外，大部分還是以河鮮為主。在過去，河鮮是隨時容易取得的食材，如今則因物流的發達，才能方便地吃到遠處的海鮮食材。即便現代飲食已經多樣化，江南人的飲食依舊秉持過去的生活習慣；上海也是如此，河鮮還是上海人家裡做菜的首選。

河魚給許多臺灣人的印象就是刺多，有土味；未到上海住之前，我也不愛吃河魚，但江南的各種河鮮小魚種類很多，確實很鮮美，即便就在前幾天我又被雞格朗魚的魚刺哽住喉嚨，還去醫院急診拔魚刺，但我還是會繼續品嘗河鮮。

在此選三樣河鮮來介紹，一是春季的塘鱧魚，二是夏季的黃鱔，三是春秋兩季比較肥美的鮰魚，後二者是上海人很愛吃的河鮮；至於冬季的青魚則在另一篇中專門介紹。

【油菜花開，吃塘鱧魚】

「漫野甜香黃菜花，三春一品塘鱧魚」，這二句詩句說明了春季是最適合食用塘鱧魚的季節。蘇州人特別愛吃塘鱧魚，尤其是春天油菜花開時，正是塘鱧魚產卵的季節，也是營養價值最高、最肥美的時節。

初認識塘鱧魚，是在先生的老家——蘇州東山。鄰近太湖的東山人很喜歡吃塘鱧魚及昂

昂刺魚

塘鱧魚

刺魚，也是他們生活上很容易取得的魚，這兩種魚都不大，看起來雖不起眼，卻完全沒有土腥味，特別鮮美，在東山常常拿來做蒓菜魚羹或雜魚燴燒的料理。

同樣是塘鱧魚，在上海並不好買到，價格略高，很少魚攤會進貨，主要是因為塘鱧魚的個頭不大，要作為單獨大菜比較不好用，所以上海餐廳裡不太會看到，如果餐廳有做，就是一道高價位的菜品；但是在蘇州就不同，蘇州菜經常是小料細作，往往會做成口感很驚豔的料理。

在蘇州，一些老餐廳仍會做一道老菜「糟溜塘片」，這是一道很清爽、帶有香糟味的菜，整盤菜就只有魚，無任何其他配料，菜價卻很高（近四百人民幣，蘇州平日的消費並沒有上海高，所以算是高價位的料理；在上海餐廳吃這道菜，則是八百多到一千八百多人民幣不等）。原因之一是，每一條魚僅能片出兩片魚肉來料理，因此一盤需用上二、三十多條較大的塘鱧魚。其次，除了食材成本高之外，片魚也是個工夫。塘鱧魚是生命

糟溜塘片

力很強的河魚，買回的塘鱧魚，即使已經去掉鰓及內臟，都還能活上一長段時間；如果不是很擅長片魚，魚片很容易散掉。先生說以前在東山家裡吃火鍋，會放塘鱧魚，雖然已經殺過了，但一放到火鍋裡，還能游動，可見生命力極強。

據說在蘇州還有一道糟溜塘片的升級版，稱為「明月鴿蛋塘片」，是在盤的四周放上一圈鴿蛋，每顆鴿蛋上面標有各種花形。很熟識的一位年輕蘇州客人來家裡用餐，我們提起了糟溜塘片這道菜，她說她一直以為糟溜塘片是用魚頰肉來做，因為她從小到大，在家裡都是這樣吃，一次舀一勺到嘴裡；我們一聽，這可是糟溜塘片最高級的版本了，這樣一盤菜，不知道要用掉多少條塘鱧魚。

另有一道同樣用塘鱧魚的魚頰肉來做的菜，

魚頰肉位置

成就了塘鱧魚的極高地位，就是傳說中的「豆瓣酥湯」。魚身做了糟溜塘片之後，因不想浪費，便再將魚頭左右頰上兩片指甲大小的肉取出，這兩頰的魚肉緊實有彈性。因這兩片肉的形狀十分像豆瓣（蠶豆），此湯便稱為「豆瓣酥湯」。據說宋美齡夫人曾經用這道湯品來招待外賓，其製作方法是：先將魚頭上的兩頰肉拆下，以剩餘的魚肉、魚骨、火腿熬出濃湯，放入漿過的「豆瓣肉」，再放春筍片，加入新鮮雪菜末，出鍋前調味，聽說也是一道鮮到眉毛都掉下來的湯品；目前幾乎沒有餐廳做，我到現在也還沒吃到過，希望以後有機會能吃到。倒是有些蘇州老餐廳接受預訂「清炒魚頰肉」，只是價格非常貴。

塘鱧魚燉蛋

食材： 塘鱧魚幾條，蛋，蔥，薑

調料： 鹽，水（或高湯）

做法：

① 塘鱧魚洗淨後，用蔥末、薑末及少許鹽醃 1、2 個小時。

② 蛋液打散，準備溫水（或溫高湯），以蛋液：水（高湯）＝1：2 左右的比例調和。

③ 將塘鱧魚拍掉蔥薑末，放到蒸盤（或蒸碗）中。

④ 用濾網過濾②，倒入③中，若有氣泡用湯匙除去。

⑤ 用保鮮膜包覆蒸盤，中間用牙籤插幾個小洞。

⑥ 入冷鍋冷水，中小火蒸 30 分鐘後，轉小火蒸 10 分鐘關火。

⑦ 蒸蛋上淋少許醬油，即可上桌。

備註：

① 塘鱧魚可以用其他魚（如黃魚或黑魚）代替，以刺少、魚身帶有鮮味的種類為主。

② 按一人一條魚的基準來準備分量。

糟溜塘片若是自己在家做，可以用黃魚或黑魚來代替，其實在上海餐廳也多數是用這兩種魚來做糟溜魚片，價格也不會這麼貴。塘鱧魚除了用魚片料理外，當然還可以做紅燒魚，但最能體現塘鱧魚的美味，家常簡單料理的做法莫過於燉蛋，可把魚的鮮味融合在蛋中。記得有一回做了

餐廳的糟溜魚片

「塘鱧魚燉蛋」給臺灣客人吃，那一餐之後，客人一直記得這味道，她說：直到抵達虹橋機場準備搭機回臺時，她都還在回味這塘鱧魚燉蛋的鮮味。

【夏秋品黃鱔】

我剛到北京工作生活時，去菜市場或超市買菜，想買個新鮮的雞鴨都很難看到，多數是冷凍品，海鮮也看不太到，新鮮的牛羊肉倒是占據大部分攤位；到了上海生活後，菜市場的風貌完全不同於北方，除了豬肉、雞鴨外，河鮮及海鮮占了市場中最多的攤位，牛羊屬少數。最大的不同則是，江南的菜市場中一定有黃鱔攤位，這在臺灣也是極少見到的。

黃鱔生長於稻田、河溪、池塘之類的泥質水底層，適合生長的水溫是攝氏十五至三十度，十度以下就開始進入冬眠，三十度以上會鑽進泥中度夏，正是江南普遍能見到的生長環境。在大陸很多地方適合牠生長，所以許多省分都有鱔魚料理，無論江南、廣東，甚至四川、湖

南等等，人們都很習慣吃鱔魚，一般產期是六到十月，尤以六至八月最為肥美。

黃鱔也是一種很奇妙的物種，在發育過程中具有雌雄性轉換的特性，據說養殖業者為了讓鱔魚肥大，會餵雌激素讓牠壯大，這個傳聞讓許多上海朋友怕吃「鱔桶」（比較大的鱔魚），特別是身上長有肌瘤的朋友，都比較不敢食用。但上海人還是喜歡吃鱔絲，因為細不過指的小鱔魚還沒有激素的問題，口感也更好些。

處理黃鱔是個技術活兒，一般家庭不太會自己殺黃鱔，而是交給攤位處理；在上海菜市場的黃鱔攤位中，主要分為小黃鱔及大黃鱔，兩者在料理上做法不同，處理的方式也不同。一般來說，小黃鱔約十幾到二十公分，是採用「劃鱔絲」的處理方式：先將活鱔魚倒入開水中汆燙，將鱔魚上的黏膜燙掉，把魚皮上的細

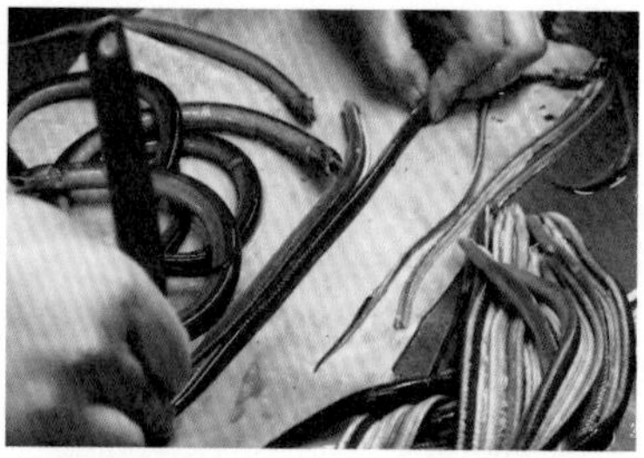
劃鱔絲

菌殺死。撈出後，用竹片或劃刀（必須是不鏽鋼製，不能用鐵刀），沿著肚皮和背脊分割處入刀，貼著脊椎骨從頭劃到底，再翻轉沿著脊椎骨的切面入刀劃到底，劃成鱔背及鱔肚兩部分，然後再從頭到尾一刀劃下，把鱔背肉與脊椎骨分離。去掉魚骨後，把內臟去除清洗乾淨，就是初步的清洗完成。大黃鱔的處理方式則是生殺：去掉內臟不去骨，除非是要片鱔片，才會把鱔魚的脊椎骨去掉。雖然我敢吃鱔魚，但清洗的工作還是交給先生，特別是大黃鱔，活殺後還是會動，讓我害怕。

在江南的餐桌上，黃鱔是很重要的食材之

一，特別是在淮揚菜中，黃鱔的料理有多種面貌；不過在淮揚菜的地區，並不稱作鱔魚，而是叫「長魚」或叫「軟兜」。之所以叫軟兜，是因為新鮮的鱔絲煮好後肉鮮嫩，用筷子夾起，兩端會垂下，猶如小孩胸前的兜肚帶，吃時用湯匙可兜住。在淮揚地區最常見到的吃法是炒軟兜，幾乎每一家菜館都有，大多只會用鱔魚背部來炒，甚至不切成段，因為鱔背比較軟嫩，鱔肚部位比較Q。曾經在高郵的一家小餐館吃到一次非常好吃的炒長魚（軟兜），除了不油膩之外，在調味上還點上少許醋在盤底，這也是傳統的做法，只聞醋香，而吃不出醋味，同時還能去腥。另一道有名的「梁溪脆鱔」，是無錫的傳統名菜，據說明末清初就有這道菜，無錫的廚師用鱔絲入油鍋炸脆後，再用黃酒、醬油、糖、五香調料來燒，燒到收乾，是作前

軟兜

高郵小餐館的炒長魚

菜食用，吃起來甜鮮鬆脆才是標準，在臺北的餐廳也曾吃到過。

「響油鱔糊」也是上海常見的一道菜，應屬於蘇幫菜，也是用鱔絲切段來料理。這道菜炒好後，會先在中間放上生的蒜末及薑末，端上桌後再於桌邊現場澆上沸油，澆上去時蒜薑末會劈啪作響，故稱「響油」，菜因為濃汁如糊，所以稱之為「響油鱔糊」。這道菜大部分餐廳都做得比較油膩，盤底會出現很厚的一層油，只有少部分餐廳做的油少一點。有些還會加茭白絲一起熗炒，這種炒法也是上海人家裡比較常做的方式。先前我一直很疑惑，印象中在臺灣的江浙館吃到的都是「韭黃炒鱔絲」，在上海餐廳卻從未見到；後來寧波客人告訴我，用韭黃炒鱔絲是寧波人的吃法，上海人是不太用的，只會用茭白絲炒鱔絲而已。

炒鱔絲也經常作為上海麵食的澆頭，用在湯麵或拌麵上。在淮揚地區稱為「長魚麵」，只是長魚麵通常不會用切段的鱔絲，而是整個長條的，也比較不像上海炒得那麼濃油赤醬。

1 ｜脆鱔
2 ｜餐廳裡的茭白炒鱔絲

曾經有一位網友問我：為什麼上海都是鱔絲，沒有臺南那種吃起來有些脆感的炒鱔片？其實上海是有的，上面說到的鱔魚料理是以小鱔魚為主，鱔魚都需要先燙過；至於像臺南生炒的方式，在蘇州及淮揚菜館裡叫作「生炒蝴蝶片」，雖同樣是生炒，但仍與臺南的炒鱔魚有點不同。臺南有一家鱔魚意麵是生殺鱔魚後不清洗，帶血直接切片，加上蒜頭、薑絲一起炒再調味，這種方式很像廣州地區做的黃鱔煲仔飯，都是不去血水，直接下鍋炒香。而淮揚菜中的蝴蝶片則是黃鱔生殺後清洗乾淨，以三刀斜切片並去掉鱔皮，片成鱔片後，先把鱔魚片抓少許鹽醃漬去腥再洗，再放少許鹽漿上芡粉，過一次油再炒。

「生炒蝴蝶片」是一道工夫菜，由於快炒的時間很短，會讓鱔魚片翹起來，形似蝴蝶，所以得此菜名。按淮揚菜的標準，這道菜炒完後必須有三不：盤中「不見油，不見醬，不見芡」，蝴蝶片吃起來必須還帶脆感。這道菜在上海極少餐廳有做，通常是淮揚菜大師級的廚師才有做，因此在鱔魚料理中是高價位料理。自己曾在家裡做，試著比照淮揚做法來處理鱔片，發現確實不容易；如按上海人做菜的習慣必是有醬汁，我也刻意留下幾片不去鱔皮的鱔片一起炒進，品嘗口感上的差異，確實是去了鱔皮的蝴蝶片更好吃、更脆些。在杭州地區，除了用鱔魚片炒過後還會再加上炒河蝦仁，名為「蝦爆鱔」，這也是經常能看到的雙炒組合。

在江南有句話說：「小暑黃鱔賽人參。」蘇州也有專門做黃鱔宴的餐廳，特別是在小暑節氣、鱔魚飽滿時做。多數會做「蒜燒鱔段」或者「鱔桶紅燒肉」，用的是大黃鱔，生殺不去骨，切段來料理；一條鱔魚取其中段，大約切出六段左右，每段約一寸半，講究的是在鱔段上劃刀，刀口需要切到鱔魚背脊骨上，但又不能將鱔魚肉切斷，這樣燒過之後鱔段會捲起來翻出，形似馬鞍，因此在淮揚地區稱為「大燒馬鞍橋」。

同樣以較大的黃鱔鱔段來做料理，而更為複雜的，是南京的淮揚料理「燉生敲」。「生敲」意指大黃鱔去骨後用木槌或刀背反覆敲打鱔背的動作，這會讓鱔魚肉成肉茸狀，然後再做斜刀切；接著先把鱔魚炸到酥脆，再和豬肉燉燒，有的餐廳不放豬肉，而是搭配其他季節性食材或者鴿蛋；燒出來的鱔魚段會呈現花紋狀。這道菜只有在淮揚菜餐館或南京餐館裡吃得到。

1 | 生炒蝴蝶片
2 | 自家做的醬炒蝴蝶片
3 | 蒜燒鱔段

有些臺灣朋友怕吃鱔魚，不是因為食材口味，而是因為牠長得像蛇。我在接待臺灣客人時會先問敢不敢吃鱔魚？為了避免看起來像蛇，通常會以茭白炒鱔絲為主；或者進一步以「鱔米」來做。鱔米就是把小鱔魚切成小小段，搭配黃瓜或蒜薹來炒，這道菜特別下飯。

蘇州人愛吃鱔魚，而他們對料理的精細是不浪費任何食材，特別是小暑節氣起購買鱔魚的人增多，蘇州麵館會去黃鱔攤位收劃鱔絲所去掉的鱔魚骨，作為熬湯的原料之一。在蘇州，立夏到立秋間有一道季節麵食「楓鎮大麵」，麵湯底就是用鱔魚骨、豬骨、河蝦頭或蝦殼、螺螄及香料等熬製出來的白湯，最後再加上少許的酒釀及蔥末，這是在蘇州夏天麵食中僅有的白湯麵。

還有一種淮揚做法叫「熗虎尾」，同樣也是用鱔魚背做料理，熗就是以油淋調味，這種

蒜薹炒鱔米

吃法很清爽，可以是冷菜也可以是熱菜，所以在食材上更講究新鮮，有些淮揚菜館會在做料理前才開始劃鱔絲。有次回臺灣時曾想做這道料理，去一般菜市場沒有賣鱔魚，到批發市場找到，但都不是小鱔魚，問了攤主，她說：現在都是進口印尼的鱔魚，比大陸進口便宜但偏大；本地的鱔魚不太多，而且由於臺灣的鱔魚料理習慣以片狀油炒，所以不太會販賣小鱔魚。

做黃鱔料理最不能缺的就是蒜末、薑末以及白胡椒粉，特別是在上海菜中大部分不會用到蒜頭，但在鱔魚料理中卻是不可缺少的。

【春、秋鮰魚正肥美】

第一次看到鮰魚時，我以為是臺灣人常吃的土虱、鯰魚類的魚，但仔細一看又不同，鮰魚和鯰魚的區別在於：一是尾巴，鯰魚的尾巴

蘇州同得興的楓鎮大麵

淮揚熗虎尾（6 人份）

食材：鱔魚絲 300g，蒜頭，薑

調料：黃酒，麻油，白胡椒粉，美極鮮味露（醬油亦可）

做法：

① 請鱔魚攤幫忙殺好鱔魚劃絲，料理前先用清水再沖洗一遍，把未清乾淨的血水及內臟處理掉。

② 蒜頭及生薑切末備用。

③ 鍋中放水，加薑片煮開後加入黃酒，將鱔魚放入，汆燙 2 分鐘左右，若是鱔魚絲比較長，則多燙一會兒。

④ 把鱔魚絲取出，放入盤中排好。

⑤ 鍋洗淨燒乾後倒麻油，將蒜頭末及薑末爆香，倒在盤中排好的鱔魚絲上。

⑥ 撒白胡椒粉，淋上美極鮮味露即可。

⑦ 吃的時候，需要拌一下，讓鱔魚絲都能沾到味道。

備註：

① 鱔魚絲汆燙時間要掌握好，太爛不好吃。

② 一般淮揚熗虎尾僅用鱔背來做，為了不浪費食材，在家自己做時，可以全用，把鱔魚肚放下面，黑色的鱔背放上面；或者可以在鱔魚攤只購買鱔背部位，不過價格會比較高。

③ 這道菜的標準是冷吃為主，亦可以熱吃，所以油與醬都不能太多，否則會有鹹膩感。

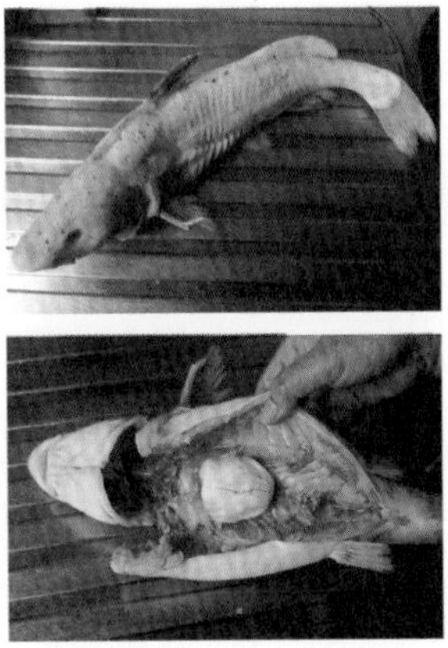

1｜白鮰魚
2｜鮰魚魚肚

是圓扇形，鮰魚則是分叉形；二是頭部，鯰魚頭較大，呈扁平狀；三是魚鰭，鯰魚只有一個小的背鰭，鮰魚有兩個背鰭，一前一後。

上海人稱鮰魚為鮰老鼠，四川人稱之江團，湖北人則叫肥魚，一般還分成黑鮰魚與白鮰魚，市場上有時候買到的白鮰不一定是全白，有時候會帶些黑點。採買時，第一選擇是白鮰，因為白鮰的肉質比黑鮰更細膩，當然價格也比較高，特別在春秋兩季時，春天正是鮰魚產卵季，秋天時鮰魚準備存儲過冬的能量，因此春秋二季的鮰魚會更肥美，也是最好吃的時候。

相較於其他多刺的河魚，鮰魚的肉質細膩，骨頭極少，清代胡世安《異魚圖贊箋》中便說到：「河豚藥人，鰣魚多骨，鮰魚兼此二美而無兩毒。」鮰魚雖肉質嫩，但牠沒有魚鱗，身上有一層黏液，如果不事先把黏液清理掉，腥味會很重。如何去腥味？須用熱水焯水過，取出後邊沖水邊用刀刮掉黏液；如果自己不會處理，有些賣鮰魚的魚攤可以代為處理，並且把很容易刮舌、堅硬的魚鰭一併切掉。鮰魚裡的魚肚相當肥美厚實，也要清洗乾淨。

淮揚地區的鎮江位於鎮江流域，也是鮰魚的產區，當地人若第一次下網就捕到鮰魚，會被認為是開門大吉的喜事，稱之為「白吉」（古時鮰魚稱為白吉魚）。當地廚師在春季鮰魚最肥美時會做「鮰魚獅子頭」，除了鮰魚肉，還要加上豬肉，否則就不是獅子頭而是魚丸，且鮰魚獅子頭的湯頭必以清湯為主，才不會影響魚肉的鮮。

蘇州太倉有一種蒸糟鮰魚的做法，早些年我們也做過，是以黃酒、太倉糟油、薑片及蔥浸泡鮰魚幾小時，再調味後蒸，蒸好後放上少許蒓菜，猶如鮰魚仍在河塘裡；這道菜極為清爽，只是鮰魚看起來比較凶。一般我們會看客人飲食習慣來決定是否做這道菜。

在上海菜中，「紅燒鮰魚」是一道名菜，先生說，這是上海考廚師證必考的一道菜，上海的老餐廳南伶酒家主打的菜就是紅燒鮰魚。雖為上海名菜，但做的餐廳也不多，一來鮰魚不是經常能見到，再來可能也是因為處理麻煩，買的人不多，所以通常需要預訂，且不一定會有。燒鮰魚和黃鱔一樣，蒜頭同樣不可缺，主要是去腥味用。不過和一般紅燒魚的做法略微不同，鮰魚不是以整條燒，而是把魚身切成厚片塊狀來燒，且料理標準是紅燒後還必須保持每個魚塊的完整。由於鮰魚的肉質非常嫩，燒的過程中不能一直用鍋鏟翻炒，否則會散掉不成形；需要用顛鍋的方式搖晃，一是讓它入味，再來避免黏鍋。除了紅燒外，還有「白汁鮰魚」的燒法，就是沒有醬油、湯汁較多的湯菜。

鮰魚膠質很豐富，完全不需要勾芡，紅燒做法一放涼整盤就成了魚凍，吃的時候還會感覺到黏嘴。不僅魚皮如此，鮰魚鰾（魚泡）也同樣有豐富的膠原蛋白，不是很大卻很厚實，餐廳也會把鮰魚鰾單獨做成菜，整盤十幾個厚實的膠原蛋白，雖然好吃，但吃多了會覺得膩。這道菜想吃的話，要提前詢問、預訂才行。

紅燒鮰魚

食材：鮰魚一條，蒜頭幾粒，薑片，蔥

調料：黃酒，老抽，生抽，冰糖，植物油

做法：

① 將鮰魚洗淨，切厚片塊狀。

② 熱鍋冷油，將薑片、蔥段及 5、6 粒蒜頭炒一下，放入①。

③ 稍微翻動後倒黃酒燒一下去腥，再倒少許老抽、生抽，大火煮開後加蓋燜。

④ 開蓋搖晃鍋，不可用鍋鏟翻炒，容易碎，小火煨 15 分鐘左右，再淋少許植物油，嘗鹹味後，放冰糖煮化。

⑤ 大火收汁，不要燒得太乾，裝盤後撒蔥花。

黃魚海味

上海人很愛吃魚，對這個靠海不算遠、臨近又有湖河的城市來說，喜歡吃魚是最自然不過的事情了。在上海的菜市場，最常見的海鮮魚類是黃魚、帶魚、鯧魚，以及春天偶爾見到的鰲魚（即鰳魚）。而上海人喜歡吃黃魚，是受到寧波人的影響；寧波臨近的舟山群島是黃魚最好的產地，因大批寧波人來上海經商，大量的海鮮也隨之銷往上海，方使得上海菜受到寧波菜的影響。

在我小時候，家裡偶有黃魚。父親在金門待過一段時間，金門、馬祖一帶都是黃魚的海域，因此他對黃魚有一種特殊情懷，有時候父親的部屬回臺，也會送黃魚到家裡；二姨丈是江浙人，他們家族過去一直在上海開餐館，他總是提到，在他心中，只有黃魚才是魚，其他的魚都不夠鮮美。每回他從臺東來我家裡吃飯，總是希望能吃到黃魚，我們也因此得福，如願吃到黃魚，記得母親都是拿來乾煎或者紅燒黃魚豆腐。

婚後我曾經問過先生：你怎麼很少做紅燒黃魚？他說：上海人如果是拿到鮮魚，第一選擇一定是清蒸或做魚湯，紅燒總是其次。而他做紅燒黃魚也和我母親做的很不一樣，湯汁特別多，這種做法江南人稱「家燒」，是不收汁的，會放豆腐或者年糕來吸魚湯鮮汁。

家燒黃魚豆腐

黃魚其實分為大黃魚及小黃魚，是不一樣的品種，並不是小黃魚長大後就稱作大黃魚。在之前返臺的一段時間中，和臺灣客人在臺北碰面一起吃飯，他正好提出一個問題：「上海人這麼愛吃小黃魚，把小黃魚都吃完了，那怎麼還會有大黃魚？」當我告訴他：大小黃魚是不一樣的品種時，他顯得難以置信，一直以為大小黃魚就是同一品種。而大黃魚是上海人無論家常或到餐廳宴客，都被認為是最有「腔調」（意指「很有樣子」）的菜。

上為大黃魚，下為小黃魚

大黃魚與小黃魚的外形很相似，但大黃魚的個頭比小黃魚要大，兩者的區別如下：小黃魚又稱小鮮、小黃花、小黃瓜魚，外形特點是魚體長而扁側，呈柳葉形，鱗片中等大小，嘴尖，背部為灰褐色，腹部兩側為黃色，背鰭較長，尾鰭呈雙截形；肉呈蒜瓣狀，肉質鮮嫩，魚刺稍多。大黃魚又稱大鮮、大黃花、桂花黃魚，其外形特點是：魚體大，鱗片小，嘴大且圓，尾柄較長窄；肉質厚實稍老易離刺，魚刺較少。

有一種魚和小黃魚很像，是不常見到的「梅子魚」（又叫梅童魚），比小黃魚要小，一般不超過十公分。兩者最大的差別在於，黃魚頭顱內有兩塊白色矢耳石，因此小黃魚聞起來有海味；而梅子魚無矢耳石，聞起來無腥味。並且，梅子魚目前只有野生，無法人工飼養，價格比小黃魚還高。梅子魚同樣是肉質細嫩鮮美，餐廳中的料理以鹹菜蒸梅子魚為主，若用炸的方式，就浪費這鮮味了。

黃魚最好吃的時候是每年的四到六月，這時黃魚進入產卵期，營養最豐富，也最鮮美。目前黃魚基本上都放魚苗入海裡養殖，我們平

上為小黃魚，下為梅子魚

鹹菜蒸梅子魚

日吃到的大多是養殖黃魚。野生的大黃魚現在很少見到，價格很高，原因是黃魚都是晚上進行捕獲，如果捕到了野生黃魚，就通知那些高端餐廳，他們會派船去取魚，相關費用加起來不低，因此在餐廳的食用價格就高。黃魚是不見光為佳，魚身的黃色會因為見光而慢慢褪去。新鮮的黃魚自然是清蒸最好，上海人喜歡用鹹菜（雪裡蕻）蒸黃魚，很提鮮。

黃魚產季最旺時，也正是端午期間，在江南端午節有「吃五黃」的習俗（杭州人稱農曆五月為「五黃月」，因有五種帶「黃」字的食材上市而得名），黃魚就是其中之一，其他四黃是黃鱔、黃瓜、鴨蛋、雄黃酒。記得有一年去臨近的啟東呂四港，請當地人幫忙買小黃魚帶回上海，一車子人買了好多，回到家清洗乾淨後做了雪菜黃魚湯，真的是「鮮得眉毛都掉下來，打耳光也不肯放」，連婆婆都想要拿點小黃魚回去。

在上海，祖籍寧波的人很多，他們喜歡在冬至後用大黃魚做魚鯗。用時需要先泡水去鹽，然後清蒸或做黃魚鯗紅燒肉；也可以不醃漬得太鹹，採日式的「一夜干」做法，僅風乾一晚再拿來烤，也是不錯的吃法（後文〈魚鯗與臘味〉有詳細介紹）。

上海人家裡，大人有時候會對小孩說：「你這黃魚腦袋！」是指一個人腦子不開竅。罵一個人不直接說，而用食物來拐彎罵人或說教，是上海人常用的方式。不過，一種說法是，原應為同音不同字的「黃榆腦袋」，因為榆木的材質比較硬，適合做家具或地板，不易變形或翹曲，所以老一輩的人拿黃榆比作人的腦子硬，是流傳久了才慢慢訛寫成「黃魚腦袋」。也有一種說法是，黃魚腦袋裡有矢耳石，所以拿這點說人腦袋裡有石頭堵著，腦筋轉不過來。確實，吃黃魚魚頭得小心，若是一不小心咬到矢耳石，又太過用力，就怕牙齒咬裂了。

一些上海菜餐廳裡常可以看到「麵拖黃魚」。「麵拖」也是上海人的一種特色做法：將魚肉片下來後醃漬，再以冷水加麵粉調成麵糊並且調味，加入少許的豬油、泡打粉拌勻，接著把黃魚片裹上麵糊、入油鍋裡炸後取出，再回鍋二次炸至金黃色瀝油即可。有些帶寧波風味的上海菜餐廳還會在麵糊裡放苔條，變成帶有綠色麵糊色的「苔條黃魚」，吃起來酥酥脆脆，裹著黃魚的鮮味及海菜的香。另外，還有少數餐廳會用黃魚片做「糟溜黃魚片」。如果不想這麼複雜，直接油炸整條小黃魚亦可，炸後沾胡椒鹽吃；亦可以用香糟滷或糟油醃成「糟小黃魚」，可以存放冰箱食用好幾日。

「黃魚雪菜麵」也是上海麵館常見的主打麵，有的是用魚片做，有的則是用上整條小黃魚，另外再以大黃魚做湯。在上海菜餐館中，瑞福園的「棒打大黃魚小餛飩湯」是他們的招牌菜，是以雪菜黃魚湯為基礎加上小餛飩，不僅湯底鮮美，小餛飩吃起來也是美味。這道菜也可以在家自己做，如果不會包小餛飩，買現成的即可；若不放小餛飩，改下個麵條加進去，就變成簡單的黃魚雪菜煨麵。

1 | 苔條黃魚
2 | 上海餐廳裡的糟溜黃魚片
3 | 糟小黃魚

黃魚雪菜湯（約 6 人份）

食材：雪裡蕻少許，大黃魚一條（小黃魚 2、3 條亦可），薑片，火腿片幾片

調料：豬油，鹽，滾水

做法：

① 先煮開水備著。

② 雪裡蕻稍微洗淨切末，若鹹度高則要先泡一下。

③ 熱鍋中放豬油、薑片，再將黃魚入鍋兩面煎。

④ 黃魚煎香後，倒入滾水，放火腿片，大火燒 10 分鐘左右，湯轉成奶白色後轉小火。

⑤ 放入雪裡蕻末，滾了之後若不鹹，可以用鹽調味。

卷四

夏日旬味

夏季是吃糟貨最好的季節，最大特色是解膩，特別是冷糟貨有著涼爽的口感和鮮美的滋味，讓人在炎炎夏日中提起食欲。

夏日糟味

香糟泥、香糟滷、糟油

二〇〇六年我第一次到上海短期居住時，住在虹口區，有天在超市裡發現一種調味料是在臺灣見不到的，我看著瓶身上的「香糟滷」三個字，不知道它是什麼？很好奇它的味道。後來有天在老字號「喬家柵」的外賣窗口看到「糟雞腳」及「糟毛豆」，心想：不知道是不是用在超市看到的調味料做的？於是各買了一份回家吃。吃的當下，我想起臺北萬芳醫院巷子裡有一家江浙湯包館，早期有個醉圓蹄的冷菜，我啃著糟雞腳，思考兩者的差異，味道類似，香型卻還是有些許的不同。在上海待了一個多月的時間後回到臺灣，也就忘了這食物。直到後來，嫁給了先生長住上海後，經常接觸到這味調料，才知道糟味是什麼。

在上海生活，做菜除了平日用的醬醋外，最奇妙的調味就是「糟味」。這種以酒糟為基礎、再經過不同加工處理方式而更具韻味的調味料，經常出現在上海人的生活裡；相較於臺灣（及福建）的紅糟，兩者在料理上展現的方式截然有別。

糟原是指釀酒後的酒渣。根據所釀酒種的不同，大致上分為兩類：一是白糟（包含香糟），二是紅糟。白糟是釀造糯米酒後的酒糟，香糟是釀黃酒後的酒糟，兩者都有少量的小麥；

紅糟則是加了紅麴米。紅白糟最大的不同在於紅糟可以直接做配料食用，白糟（包含香糟）在江南則是當作調味品使用，不直接食用。

以酒糟來料理，在中國有非常悠久的歷史。許多古書中多有記載，其中清代的《隨園食單》中就提到了許多糟貨的做法。由於江南各地都釀造米酒及黃酒，也有使用酒糟的習慣，因此

上為紅糟、左下為白糟、右下為香糟

延伸出「醉」和「糟」兩種料理方式。醉是用熗的，多以酒為主，再搭配一些調味，時間較短，可保留食物原味，品嘗起來酒香味也很直接，經常用在蝦蟹、海鮮類等活物，像前面〈河蝦之鮮〉提到的「熗蝦」就是醉的做法。而糟是將食材醃浸於酒糟中慢慢而成糟貨，時間長，味道醇厚，耐慢嚼回味；糟貨的味道，近代蘇州作家陸文夫的描述我覺得是最傳神的：「糟貨之味比酒更醇厚，比醬更清淡，是一種月經滄桑後的淡泊，同時又自然地帶有一種老於世故的深沉回味。」

關於上海的糟味，依歷史記載，在清朝咸豐年間（約一八五〇年代），即有江、浙商人在上海開設南北貨鋪，供應糟貨或香糟調料。老字號的南北貨商行如「老大同」及「邵萬生」，都是咸豐年間設立的商行，至今仍在經營；且就在二〇二一年，老牌邵萬生有一個創新的做法，把調味品中的香糟滷（也稱作「糟滷」）結合到咖啡裡，做出新形式的上海咖啡「屋裡廂咖啡」（上海話「屋裡廂」是「家裡」或「老

屋裡廂咖啡

婆」的意思）。上桌時，服務員會在客人面前於咖啡上噴上香糟滷，雖然從咖啡的角度來說不夠濃，從飲料上則是一個新味道。我倒是很喜歡咖啡上的軟糖，有香糟滷味道的軟糖，挺好吃的。

江浙一帶，糟的料理不僅僅是餐廳會做，很多人連在家中也會自己做，並且是無論什麼食材都能拿來做糟。「糟貨」就是指以這種料理方式製作出的各種食品，包含肉類、海鮮與蔬菜；而製作各種糟貨的調料還可細分成三種：香糟泥、香糟滷及太倉糟油，基礎料理上的用法各有不同。

在三年前回臺灣的一次停留，曾在客人家做了一次糟宴，以糟的調料做一桌菜。當天宴席上邀請到臺灣著名的茶家周渝老師，他也是紫藤廬的創辦人，紫藤廬曾是臺灣民主運動及文化聚集的場所，如今依舊是很重要的文化茶館。周渝老師之前幾次往返上海時，也來過我們家吃飯；那次客人告訴他：我們返臺要做家宴，他便說一定要來。那晚的糟宴吃完後，他告訴我：「好久沒有吃到小時候那種味道的上海菜！」後來他在我們回上海前，還邀我們去他家喝老茶，那次的聚餐賓主盡歡。

【老大同香糟泥】

老大同起源於一八五四年，至今已有一百六十多年的歷史，前身是老大同醬園，清咸豐四年開在現今的廣東路三二七號。當時是酒店，以堂吃為主，兼零拷（秤斤零賣）外賣調味料；是以老闆徐增德夫婦自製的酒糟（後來稱為香糟）為主要特色，而後最終形成老大同香糟的「製糟要術」直到現在。

老大同香糟泥

上海老大同的香糟泥，是以釀造黃酒的酒糟，配以十幾種植物香料做成藥引子，放入酒罈搗勻壓緊，再將荷葉、粽葉蓋上酒罈口，並用泥土拌稻殼封實；這樣的做法一是利於香糟的發酵陳釀，二是密封才能使香糟泥的味道極為濃郁。香糟泥在未處理前，摸起來就像是陶土般可以捏塑的結實塊狀。

紹興地方同樣也使用黃酒酒糟來做菜，但喜歡純粹用原本的黃酒陳糟，不再另加香料做二次陳釀；其他地方做糯米酒的白糟，也和紹興一樣用原糟。這三種都是呈泥塊狀的糟泥，做料理時先調和成「糟糊」會比較好使用。糟糊的做法分別是：老大同香糟泥可加入黃酒來調和；紹興人喜歡用糟燒（以製作黃酒後的糟再蒸餾成的高濃度酒）來調和黃酒陳糟；白糟則用米酒來調和。糟糊都是不吃的調料，通常用來燜及醃漬。使用時要記住一點，糟泥本身只有酒糟或香料的味道，是沒有任何鹹味的，因此料理時鹹味需要外加。

使用香糟泥的食材，通常以肉類、魚類為主，蔬菜亦可。做法也分成熟醃及生醃，熟醃是食物煮熟後再進行醃製；料理方式還分成冷糟及熱糟。例如，江南一帶會做冷糟肉（這種做法在上海較少，其他地方為多），可以是豬的瘦肉、五花肉或者雞鴨，以熟醃冷糟的方式處理，也就是把肉類完全煮熟，切大塊塗上酒及鹽放冷後，拿一小陶缸（大碗或密封盒亦可），準備紗布袋或不織布袋，在陶缸底先鋪一層糟泥，把熟肉裝入紗布袋中，放糟泥上，就這樣一層層放好，然後密封存放。用紗布袋是為了隔絕糟泥的沾附，只讓肉吸取糟香味。醃製需要花上幾天時間，一般來說都是冬天做為多，因為在大陸天冷，不放冰箱也不容易壞，再來是夏天時酒糟容易發酸不好掌握；若是在臺灣，無論哪個季節做一定都要放冰箱。做這道冷菜，用老大同香糟、黃酒原糟或米酒白糟皆可，糟後的味道會略為不同，做好後取出切片或切塊即可上桌。

冷糟雞

上海有一道老菜「香糟扣肉」，則是先將扣肉用醬油調味煮到七、八分熟之後，進行醃漬再蒸，這料理方式就是熟醃熱糟。由於扣肉已是半熟食，不能清洗，所以在醃製時同樣必須用紗布或不織布隔離開來，取其味道而不吃糟泥；而且蒸時也必須帶糟泥一起蒸，最後再拿掉。這道菜費時較長，同樣以冬天做為宜，適合搭配秋收的芋頭，最好是荔浦芋頭。記得先生第一次做給我吃時，我以為是當天要吃的菜，結果是幾天後才能吃到。

糟泥除了醃製肉類外，還能燜蔬菜，譬如冷菜「糟如意」，是我們經常會做的一道糟蔬菜，也是熟醃冷糟：將調好的糟糊取一些入茶葉袋裡，放進炒好的黃豆芽裡燜一下午，食用前取出糟糊茶葉袋，再將黃豆芽拌一拌，使糟味均勻。這道菜看起來就像清炒黃豆芽，但吃起來不僅清爽，還有糟香味在口中縈繞，比單一的清炒味道來得更獨特些；如果喜歡糟香味

香糟扣肉

糟如意

重一點，可以提前一天做，在黃豆芽裡放入糟糊擺進冰箱一夜，要吃之前再把糟糊拿掉，味道就會更濃厚。

至於生醃，就是直接將糟糊混合抹在肉或魚表面上醃漬幾天，料理前必須清洗掉，最常用在醃魚上，蘇州人在冬天會醃青魚片。有桌臺灣客人自從在我家吃過香糟煎魚後，每次來用餐都說要吃這道菜；為了確保味道入味，我們總是提前幾天就醃製。有一年返臺時正巧是冬季，烏魚上市，去掉烏魚子的烏魚價格很實惠，也比青魚、草魚更容易買到，我們用烏魚做了燻魚及糟魚，發現特別適合。

醃糟魚片

【香糟滷】

「糟溜」是上海、蘇州菜的一種做法，通常用在魚片料理上。魯菜中也有，以「糟溜三白」為主，三白指的是魚片、雞片及筍片三種食材。上海的糟溜經常以黃魚片為主，蘇州會用塘鱧魚魚片；在上海吃塘鱧魚的人不多，一是很少餐廳做，二是價格很高。無論是山東、上海或蘇州，糟溜都以香糟滷作為調味：魚片先漿過，過油泡熟後取出，炒過輔料後加入魚片，再以香糟滷調味並勾芡即可，唯一要注意

餐廳裡的糟溜魚片

香煎糟魚

食材： 青魚（草魚、烏魚亦可）
調料： 老大同香糟泥，黃酒，鹽，植物油
做法：
① 老大同香糟泥加入黃酒，調和成糟糊。
② 將魚洗淨擦乾切片，放入①及鹽，用手抓一抓混合均勻。
③ 放冰箱醃漬最少 3 天（最多不要超過一週，避免魚有發酵的狀況）。
④ 取出要吃的分量，用清水洗淨魚上的糟泥，擦乾魚片。
⑤ 鍋燒熱後放油，以中火慢煎，再翻面煎熟即可（可以整塊煎或者切小塊煎）。
備註：
① 在臺灣，老大同香糟泥可到南門市場買。
② 這道菜可以冷吃亦可當熱菜，在臺灣冬季有烏魚，可以用烏魚做。
③ 分量按人數做，大小也可以按自己的喜好切。

冬日川糟湯（6 人份）

食材： 糟過的魚片幾片，白菜半顆，冬筍半個，菇類一些，火腿幾片

調料： 鹽

做法：

① 將白菜洗淨切細，入湯鍋加水及火腿片，小火煮 2 小時。

② 把糟魚洗淨後切小塊，先把切片的冬筍、菇倒入①煮開，再加入糟魚塊煮開。

③ 先嘗湯味，再加少許鹽調味。

備註：

① 這是蘇州老菜，是一道清爽的湯品。冬天才適合做，因冬天的白菜有甜味，冬天的青魚也比較好吃。

② 菇類不要放香味重的香菇，免得影響糟味。

的是，最後起鍋前一定要再淋上一次香糟滷，味道才會更香。

香糟滷是將黃酒原陳糟再做過處理的醬汁調料。過去在沒有瓶裝的香糟滷之前，多是各個飯店自行做「吊糟」（即手工做的香糟滷），每一家做出來的口味都不同；即使現在已經有工廠大量製作生產，每個品牌的味道還是不同。在臺灣，香糟滷的選擇不多，上海則有多種品牌，而我們喜歡用紹興的咸亨香糟滷，味道比較香濃，較上海品牌鼎豐鹹度低些，也香一點。

如果想要做個人獨特的香糟滷，在家也可以做家常吊糟。直接將老大同香糟泥捏碎放入陶罐（或玻璃瓶）中，倒入好的黃酒，最基本簡單的做法就是放少許糖、鹹桂花（傳統處理桂花的方式會帶鹹味，因為是以梅滷醃製，這樣可去掉桂花的苦味並保存桂花的香氣；如果沒有，可用乾桂花代替）及少許鹽充分浸泡；如果是用紹興或黃酒原陳糟來做，則還需放香料，香料大致有八角、香葉、桂皮、白豆蔻、茴香、花椒等等，浸泡最少要一天一夜，也可以長時間封存放著。待需要使用時，灌入布袋中懸掛起來過濾糟渣，反覆過濾，直到清澈為止，這叫清糟；也有人不過濾，直接舀上面的醬汁，這叫混糟。為了

1｜自製未過濾的香糟滷
2｜各品牌的香糟滷

擁有獨特且良好的糟滷味，現在少數的上海餐廳也會自己做。

有一次，家裡來了個西班牙餐廳的主廚，她對糟很好奇，我告訴她可以在家做出獨特的自家風味，於是她想到用西班牙的雪莉酒來代替黃酒（這兩種酒的味型很接近），再加上一些西式的香料來做；醃製一段時間後，她請我們去她店裡嘗嘗味道，而我們再加了一些西班牙的酒及西式香料調整口味，她拿來做糟螺肉，味道還不錯。若不想自己做吊糟，簡便的方式就是用市售的糟滷來醃製花螺，我自己則喜歡用市售「辣糟滷」來做，看起來不辣，實際上帶有辣味。

辣糟花螺

香糟滷在使用上都是拿來浸泡已煮熟的食物，同樣是肉類、海鮮、蔬菜都能做；也可以在香糟滷的基礎上，依自己想吃的口味再加香料、酒，變化出各種不同香氣的糟滷味，甚至是加入泡椒做成辣糟。在上海餐廳經常會看到涼菜菜單上寫的「糟三件」，實際上就是三種糟貨拼盤，而上海人最愛的糟貨就是糟毛豆、糟門腔（豬舌頭）、糟豬腳、糟雞腳、糟鴨舌等等。在做糟拼盤時，我不喜歡將所有的肉類、海鮮、蔬菜一起混合泡，這樣味道吃起來都一樣；我會把不同食材分開製作，各自加上不同的配料，雖然比較浪費調料，看起來又沒什麼差別，但每種吃進嘴裡，味覺卻都有那麼一點不一樣，那才是最好的。

用糟滷製作熟食時，不放有色調料，都是以食材的本色為主，上海的老菜「糟缽斗」（亦稱「糟缽頭」，為上海話的音譯），是因過去會用形似缽斗的器皿來醃製糟貨，故而得名，而且還分為冷糟缽斗、熱糟缽斗。冷糟缽斗是道前菜，是把醃好的糟貨也裝在缽斗內上桌，其實就是糟貨拼盤，只是叫法不同；熱糟缽斗則是一道有糟味的湯，食材以豬內臟為主，做法是將分別處理好的食材及鮮湯放入大的缽斗一起蒸煮，最後才加上香糟滷或自製的吊糟來調味，以免糟味因蒸

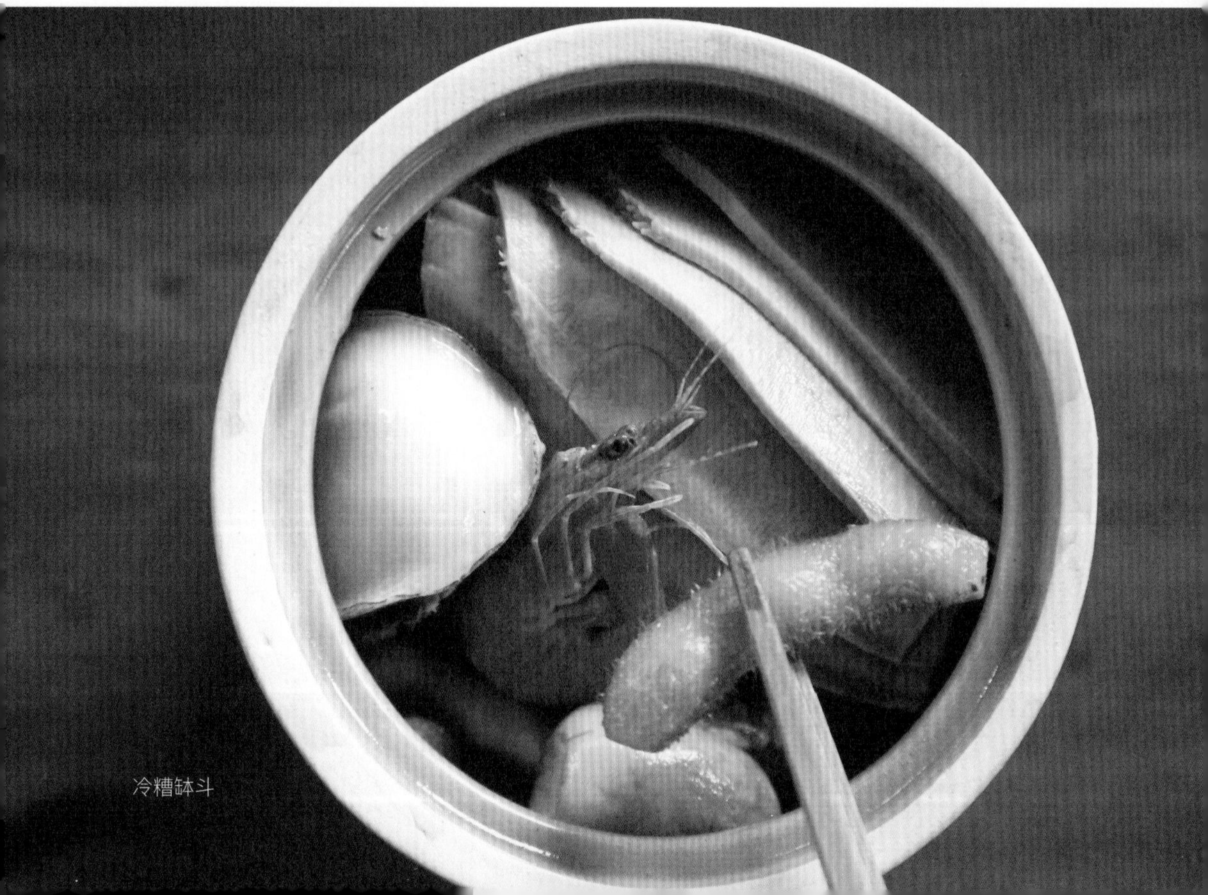

冷糟缽斗

煮而流失。

這道糟湯一般在上海人家裡比較難做，主要是上海豬肉攤鮮少現賣豬腦、豬肺等內臟，需要預訂，而內臟若清理不夠乾淨會有腥味，所以大部分還是去一些有這道料理的上海老餐廳食用。不過現在餐廳大多已經不用缽斗器皿來做蒸湯，而是用砂鍋來做這道熱糟缽斗，各餐廳放的內臟也都有所不同，有的還會撒上桂花。如果不會處理內臟或不食用內臟，改用魚頭來做「香糟魚頭湯」也很常見，我自己也很喜歡吃這道料理，有一回用自己做的吊糟來做這湯給客人吃，一桌子小姑娘嘗了都說：怎麼這麼鮮呢？

上海老寧波風味的「狀元樓」餐廳，還有一道特別的冷菜「糟甲魚」，也是很少餐廳有做；甲魚一般都是煮熱吃，用甲魚做糟菜是老寧波餐廳的特色，糟使得甲魚肉吃起來清爽不黏膩，反而帶脆感有韌性，別有另一風味。我個人也挺喜歡這道菜，就是處理甲魚太麻煩了。

糟貨雖然一年四季都能食用，但夏季是吃糟貨最好的季節，最大特色是解膩，特別是冷糟貨有著涼爽的口感和鮮美的滋味，讓人在炎炎夏日中

1｜餐廳裡的熱糟缽斗
2｜狀元樓的糟甲魚

糟拼盤

糟豬腳（8 人份）

食材： 豬腳一隻，薑 2 片
調料： 香糟滷一瓶，黃酒，糟燒（非必要）
做法：

① 請豬肉攤將豬腳切塊（前腳蹄為佳），汆燙後洗淨。
② 入鍋放水沒過豬腳，放 2 片生薑，大火煮開後，小火煮 1 小時後關火。
③ 取出豬腳放冷開水中沖洗，去掉多餘的油脂。
④ 將豬腳放入碗中或盒中，倒入香糟滷浸泡一晚即可（亦可自行再調味或加香料，我喜歡再加一點好黃酒及糟燒）。

備註：

① 豬腳可以用雞腳、鴨掌、豬舌頭、鴨舌頭等來代替。
② 香糟滷使用時須留意鹹度，若是鹹度較高可加冷開水進去調合。浸泡過豬腳的香糟汁，還可以繼續糟毛豆莢或其他蔬菜食材。

提起食欲。在我們的餐桌上最受歡迎的一道糟貨是糟豬腳，看起來像是沒調味的白豬腳，實際上味道已經入到骨頭裡了，有些客人吃完，覺得不過癮，甚至直接開我冰箱找有沒有多的，還問我能不能買？我最喜歡的是在看球賽時提前做一些糟貨，然後在家看著比賽轉播，吃上這種看似清淡卻食之有味的菜，配上清爽的酒，舒服地度過炎炎夏日。

【太倉糟油】

袁枚的《隨園食單》中寫道：「糟油出太倉州，愈陳愈佳。」說明了糟油出自蘇州地區的太倉，糟油既不是糟、也不是油，香味類似於糟，而色澤如油，所以得名。這特別的調料因為受到食客喜愛，太倉糟油逐漸形成了產業化規模，也成為太倉生產的獨有調味料，在其他地區沒有；原因是，醃製的過程中需要加入「糟油腳」（陳年的糟油底），如果沒有了糟油腳，味道也就不是糟油了。

這幾年，上海老大同醬料店也開始做糟油，因為好奇便買來使用，或許是習慣，或許是味道，最終我還是選擇太倉糟油，雖然在上海現在也不是那麼好買，都需要從太倉訂貨宅配運來。左圖中左邊及中間皆為太倉糟油，但年分不同，左邊為三年，中間為五年陳，前面提到了糟油是愈陳愈佳，好味道自然是中間玻璃瓶裝的為佳。

糟油

許多人常搞不清，香糟滷與糟油有何區別？區別就在於，香糟滷是用黃酒酒糟再做加工處理而成的調料，糟油則是以酒漿為基礎做成的調料；料理的方式，香糟滷以冷糟熟食浸泡為主，糟油是以涼拌、直接蘸食或者炒菜為主。

蘇州麵館裡很常使用糟油，尤其在夏天是冷麵的主調味料（如前文〈冷麵與綠豆湯〉介紹），蘇州人甚至會舀少許糟油淋在燒賣或冷餛飩上面吃，煎餛飩時也會撒糟油提香。就連寫了不少美食的《紅樓夢》，其中寫出詳細料理做法的「茄鯗」，最後也是必須加上糟油這味拌一下，少了它，也就少了一種特殊滋味。

糟油草菇、糟油草頭、糟油螺螄、糟油魚絲，都是太倉本地在熱炒中常用的做法。我們最常用在炒草菇上，而且糟油過熱容易揮發，所以炒熱菜時要加兩次，尤其是在出鍋前必須再提香一次。除了涼拌、熱炒外，先生最喜歡的是用糟油浸泡煮熟的鵪鶉蛋（或雞蛋），特別是夏天冷冷地吃，很可口。多年前我也用過糟油做鹹鴨蛋的主要調味，做出來的鹹鴨蛋真的是有糟油香味。

還有一種「上海糟油」的做法，則是用香糟泥在冷鍋冷油中慢慢以小火熬製，再過濾則成香糟油；一些上海老師傅在炒熱糟菜時會淋上香糟滷或太倉糟油，關火前再淋上少許自己熬製的香糟油，糟香味就會留住，上桌時飄散出糟香味。

無論是香糟泥、香糟滷或者糟油，都可將這三種調料互相搭配，雖然這三種調料的基礎味道很像，但從基礎做法中，再善加混合使用於料理中，就可以做出自己獨特的味道。

糟油草菇（6 人份）

食材：草菇一斤，西蘭花（臺灣稱綠花椰菜、青花菜）一顆

調料：植物油，太倉糟油，鹽，糖

做法：

① 將西蘭花洗淨切塊，鍋裡放水、少許鹽及油，入鍋汆燙取出。

② 草菇洗淨瀝乾水分，鍋裡放油煸炒，放糟油及水燜煮至少 10 分鐘以入味。

③ 放少許糖，收汁（但不收乾），關火，再淋少許糟油即可裝盤。

備註：

① 此菜為太倉傳統做法，現在餐廳已經不多見。

② 草菇要保持完整，無需切開，這樣菇的鮮味會鎖在裡面，且同時吸附糟油味。

③ 用糟油做調料時，最關鍵的是需要放一些糖，以去糟油中的苦味。

食蟹六月起

六月黃與大閘蟹

如果說上半年最鮮的食材是籽蝦，下半年應該就是屬於大閘蟹了！大閘蟹學名為「中華絨螯蟹」，名稱的來源是因螯足掌部內外緣密生絨毛，而稱之為絨螯蟹。牠在大陸分布很廣，從北面的遼寧到南面的福建沿海，只要是有通海的江河地域都有，尤其是長江流域的河蟹幾乎都屬於這個品種，最廣為人知的就是陽澄湖大閘蟹，但實際上江南的湖泊河流中都是屬於同一品種的大閘蟹。

前年一位客人送來一對蟹給我們吃，說是「溱湖簖蟹」，實際上牠也是大閘蟹。「簖」這種漁具是用竹枝做成柵欄，直立放在水中阻擋魚蟹去路，加以捕獲。中秋節前後，位在溱湖的螃蟹會開始洄游到長江入海口交配產卵，當途中遇到了簖，有的會改道而走，有的會翻越而過，而翻得過簖、掉入簄簍中的蟹，才能叫作簖蟹。所以簖蟹都是比較大的蟹，否則是沒有力

簖蟹

大閘蟹

氣翻過齗的，不僅個頭較大，殼也比較硬。於是自古就有「南有陽澄湖閘蟹，北有溱湖齗蟹」的說法。在我們品嘗的過程中，發現與大閘蟹並無太大差異。

如今野生的大閘蟹不多，多數是養殖的。有一年浙江桐廬的農家在富春江裡抓了十幾隻野生蟹，請大巴司機順道帶來上海，我們在大巴的停靠站接貨，那是我在上海唯一一次吃過的野生大閘蟹，味道的確與養殖蟹不同，野生蟹的肉質緊，也特別甜。

大部分人都以為吃大閘蟹的時間是從秋天開始，其實是從農曆六月的「六月黃」開始；六月黃及大閘蟹雖都是中華絨螯蟹，但是在上海人眼中是有所區分的，料理方式也不同。

【夏季・六月黃】

「六月黃」是江南蟹宴餐桌的序幕，牠是大閘蟹進入第三次蛻殼的階段，也就是還沒長大的大閘蟹；重量一般在二、三兩左右，因此六月黃又稱「童子蟹」。由於母蟹生長較慢，個頭也比較小，有些人食用六月黃是以吃公不吃母為主，當然如果喜歡吃母蟹，還是可以食用的。此時的大閘蟹已有蟹黃，又是在農曆六月分，因此統稱「六月黃」。

這時節的六月黃蟹殼較軟，很容易食用，因此上海人做六月黃料理，多數是將六月黃切半後蒸、或者煎炸後再炒為主。例如最常在餐廳菜單上見到的「麵拖蟹」就是以六月黃做料理，是先以麵粉或麵糊裹住半隻六月黃後煎炸，先煎炸的目的主要是為了鎖住蟹黃，之後還需再加入黃酒、醬料及配料，將蟹煮透使其入味，縮汁後才上桌。再有另一種吃法是，和寧波年糕合炒，炒後Q軟的年糕吸附了蟹的鮮味，一上桌年糕是最快被搶光的，六月黃才是其次要吃的。

除了這兩種吃法外，上海人家裡很喜歡做的是「鹹肉蒸六月黃」。用鹹肉來蒸各種食材，是上海人鍾愛的料理方式，不僅代替了鹽，用於蒸蟹還能增添不同的風味。多年前曾在朱家角一家餐廳點了鹹肉蒸六月黃，上菜時老闆要我們趕緊把六月黃夾到碗裡，他便把盤子端走，過了半小時後，老闆又端來一份蒸蛋，他說，不要浪費這蟹的鮮，把盤底的蟹湯汁打蛋後蒸，撒上蔥花又是一道菜。後來我們在家蒸蟹時也這樣做，真的是不浪費又好吃的做法；改成放肉末，更是能拌飯吃。

六月黃炒年糕

鹹肉蒸六月黃（倒篤蟹）

食材： 六月黃（最少 2 隻，按人數想吃的數量來做），鹹肉，肉末少許，薑片，蔥段

調料： 黃酒，醬油

做法：

① 大碗中放薑片、蔥段，少許醬油及黃酒。

② 將六月黃洗淨後切半，放入①中浸泡 20 分鐘左右。

③ 將肉末放深盤中，倒入少許黃酒抓一抓後鋪平。

④ 把鹹肉切薄片，視六月黃的多寡來決定切幾片，一般是一隻蟹一片。

⑤ 把②中的六月黃放到③中，切開的面朝下，淋上少許①的汁。

⑥ 六月黃上面放上鹹肉片、薑片及蔥。

⑦ 開大火蒸 15~20 分鐘，視量來決定蒸的時間。

⑧蒸好後去掉薑片及蔥，撒點蔥末即可。

六月黃底部沾附肉末

備註：

六月黃及肉末吸收了醬汁及鹹肉的鹹香味，盤底的肉末很適合拌飯；如果不想放肉，可以改成放蛋液，上海人還喜歡放毛豆。

把蟹切半後立著蒸，江浙一些地方稱之為「倒篤蟹」，剁蟹的時候必須翻過蟹身，從肚子那面快速下刀，這樣蟹殼比較不會碎。切半蒸不僅用在六月黃上，臨海地方也會用海蟹切半蒸。也有些人說，用啤酒蒸六月黃味道會更好，我們自己倒是沒有這樣處理過。

【秋季・大閘蟹】

「秋風起，蟹腳癢，九月圓臍十月尖。」這一句話就說明了吃大閘蟹的時間表，以及公母蟹應該何時吃。「九月圓臍十月尖」，指的是農曆九月先吃母蟹，十月再吃公蟹，公蟹與母蟹的區別看肚子及大小，下圖可看到左邊圓肚子的是母蟹，右邊有尖角的則是公蟹，通常母蟹也比公蟹小。

中國吃蟹的歷史很長，在許多飲食典籍裡都提過蟹的做法。大閘蟹最經典的吃法就是清蒸，《隨園食單》提道：「蟹宜獨食，不宜搭配他物。最好以淡鹽湯煮熟，自剝自食為妙。蒸者味雖全，而失之太淡。」清蒸蟹在家很容易做到，毋需去餐廳吃；但一個人在家吃蟹總覺得顯得寂寞，所以每次吃大閘蟹時，大多會叫上一群朋友，邊吃邊聊家常，喝上黃酒，最後再吃點小菜，享受那份持螯把酒之樂！

早些年每到秋末時，我就期待吃大閘蟹，每回週末去公婆家吃飯，一家人便一起吃蟹。講究的公公有一套專門吃蟹的用具；不愛啃骨頭的外

左為母蟹，右為公蟹

甥，唯獨對大閘蟹鍾情，也是他唯一願意自己處理的食物。先生說，小時候他們吃完蟹，會把公蟹的兩個蟹螯部位小心地扳扯下來，做成蝴蝶狀，貼在牆上，看看這一冬天吃了多少蟹，這是上海人小時候生活的趣味。

自己處理大閘蟹不難，首先是挑蟹，買蟹時須留意肚子要有厚度，看看是否飽滿。買的時候可請蟹行清洗乾淨，有些商家會用塑料繩綁，有些則用藺草綁蟹，自然是後者最好，蒸煮時還會有藺草的香氣。蟹可以用蒸或煮的方式處理，大部分習慣用蒸的，尤其是蟹多的時候，量少才用煮的。蒸時放紫蘇葉是江南傳統的方式，紫蘇有去魚蟹毒的功效，這也是為什麼日本生魚片料理中總是搭配紫蘇葉。通常我會將紫蘇的梗放到水裡，讓紫蘇的蒸氣蒸到蟹裡，葉子部分留做吃蟹後的茶飲。蒸蟹時需要注意放的方式，必須反過來倒放，這樣能盡可能減少蟹黃膏流出。看蟹的數量，蒸十五至二十分鐘即可取出。

吃蟹時通常會搭配蘸汁，蘸汁的做法是以醬油、醋、糖及薑末煮開即可；先生只喜歡沾陳醋吃，如果蟹很好，不蘸汁更

蟹螯蝴蝶

蒸大閘蟹

能體會到蟹的本味。食用清蒸大閘蟹時一般喜歡吃一對，先嘗母蟹再吃公蟹，大閘蟹的微妙滋味是部位不同，帶來的口感感受便不同，從母蟹黃的鮮香，公蟹膏的黏嘴，蟹肉的甜，蟹腳肉的彈，再搭配好的黃酒及餐後的紅糖紫蘇薑茶，這樣吃下來既美味，還能暖身去蟹寒。

不常吃大閘蟹的朋友，通常都不知道如何下手。記得有一年冬天，做音樂的蒙古朋友來家裡做客，他看著盤中的蟹，不知道從何吃起，說是從來沒吃過。其實不只是他，剛到大陸來生活的我當時也是如此。一般來說，蟹上桌後先打開蟹殼，把最寒的蟹心取出，若是不小心吃了也沒關係，多喝點黃酒或薑茶即可解寒。其他部位的蟹腮、蟹胃及蟹腸，則是很容易辨別不需吃的部位。文雅的江南人吃蟹習慣用「蟹八件」，這專門拆蟹的工具在明朝的《考吃》裡就有記載，當時賞菊、吟詩、啖蟹都是文雅之事；後來蟹八件還成為蘇州人的嫁妝之一，通常以金銀來打造，直到六〇年代之後，這習俗才逐漸消失。使用蟹八件可以優雅地品蟹，吃到最後還能把分解的蟹再拼回完整的蟹。現在人吃蟹，包含我自己都沒有古人的雅興，有時還直接用牙齒咬，

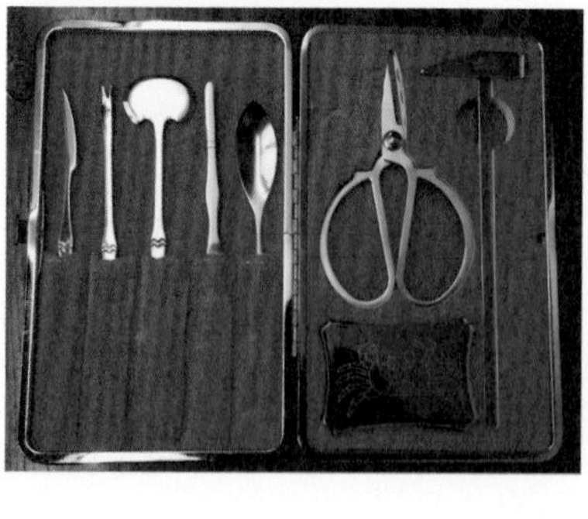

1｜大閘蟹的蟹心
2｜蟹八件

蟹吃多了，隔天牙齒便覺痠軟，每回如此，就要停上一週才敢再吃。

若懶得自己剝蟹吃，蟹粉就是另一種吃蟹的享受。一個朋友說平日在外頭餐廳吃蟹粉，有時候吃到細小的蟹殼就罵，等到親自做了一回炒蟹粉後，才發現做起來真累人，真的要感謝那些剝蟹的阿姨。蟹粉做法首先是將蟹蒸熟後放涼，再把蟹黃（或蟹膏）及蟹肉取出分開放好，接著如何炒蟹粉則是關鍵。有些市售的炒蟹粉會放切小丁的豬油塊，來增加蟹粉的分量，並且以油浸方式來保存蟹粉，但是這樣吃起來很油膩，我們不會這樣做。近些年，餐廳或麵館很流行「禿黃油」，這在飲食古籍裡是沒有的，「禿」這個字是蘇州話「只有、獨有」的意思，「黃油」則指蟹黃；所以禿黃油就是獨炒蟹黃，像黃油一樣的色澤。炒好後的蟹粉或者禿黃油可以冷藏或冷凍，要吃的時候隨時可以用。

用蟹粉做料理，最常見的就是蟹粉湯包，這是到江南必吃的食物，湯包館裡會分純蟹粉湯包或者蟹粉肉湯包，吃上一籠蟹粉湯包，沾一點醋薑絲，再配上一個清爽的雞鴨血湯，是冬日最簡單的享受。幾年前的冬日去了高郵一趟，在那兒體會到現點、現包、現蒸的揚州包子的美味，現在每到冬天就想起那時的蟹黃肉包，巨大的蟹黃肉包真的是吃一個就夠了。

過去，只有冬日的麵館能看到蟹粉麵或者禿黃油麵，現在因為食材保存便利，倒是許多麵館一年四季都提供，甚至還有專門店。蟹粉麵是以拌麵為主，不是湯麵，否則就稀釋了蟹

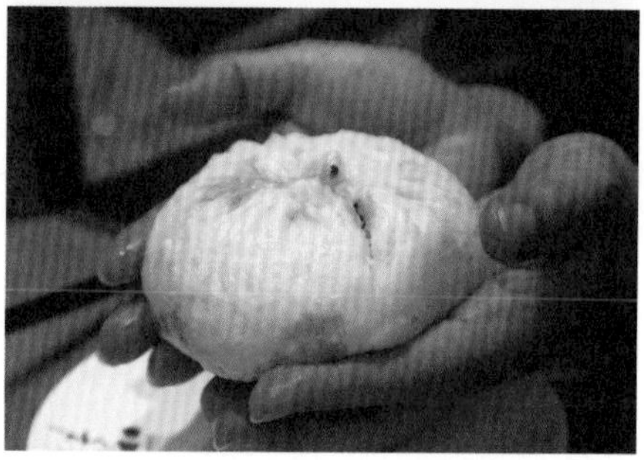

1｜蟹粉湯包
2｜高郵的蟹黃肉包

粉的鮮。蟹粉除了拌麵，拌飯也可以，尤其是剛炒出來的蟹粉，為不浪費鍋裡殘留的，可直接拿熱飯來拌一拌，再淋一些蟹粉，極鮮，能吃上一大碗。在家裡時我很喜歡把蟹粉拿來夾熱饅頭，有一天心血來潮買了剛出爐的法棍，把禿黃油熱一下直接放在法棍上，再噴上少許的巴薩米克醋，好吃到還想再吃。

蟹粉除了搭配主食外，在餐廳裡也常看到做成蟹粉獅子頭，我們最喜歡做的則是蟹粉豆腐，及宋代就有的一道菜「蟹釀橙」。有一年冬日，朋友家的橙採收很多，送了我們一箱，於是便在家做了蟹釀橙，朋友和我說，她在杭州餐廳看到這道菜時以為是新式混搭的菜色，沒有想到是宋代林洪《山家清供》中的食譜。我想，古時候儲存食物不是醃就是曬，平民百姓的飲食多為當季、當地食材為主，會有這兩者的搭配，必然也是因為食材同季。以橙搭配蟹，橙的精油芳香味經過蒸後，一上桌就飄散出清香，這樣的吃法，讓蟹粉中帶有甜酸味，口感更清爽，也不膩口。

禿黃油法棍

蟹釀橙

蟹殼（若是直接請人剝好蟹粉，無蟹殼可熬油，可略去本步驟）。

④ 熬好的蟹油鍋中放蔥、薑段，煸炒幾分鐘後，去掉蔥、薑段，將蟹黃（及蟹膏）放入鍋中小火煸炒。若是蟹黃偏硬，提前先把蟹黃弄碎。

⑤ 倒黃酒入④，炒到黃酒味散掉，蟹粉香氣出來即可。炒出來的就是禿黃油。

⑥把蟹肉倒入④拌炒，加少許鹽及白胡椒粉，收汁即可關火。

蟹粉豆腐

做法：

① 將盒裝的豆腐提前 2 小時取出，瀝掉水分，切塊。

② 油鍋裡放少許豬油及蔥、薑段，煸炒出味道後取出，倒入少許蟹粉炒香。

③ 將①倒入②鍋中炒一下，加少許水，中火煮開。

④ 另一爐灶放上小砂鍋預熱，把③倒入砂鍋小火煮，適當地放鹽調味，煮到蟹黃都浮上來即可。

備註：

① 母蟹的蟹黃會隨著天氣轉冷而逐漸變硬，所以如果是十二月中旬後才做時，記得要先把蟹黃弄碎一點再炒。

② 做炒蟹粉時可以公母蟹都用，公蟹的蟹膏比較軟滑黏口，可以增加蟹粉的口感，不喜歡蟹膏亦可不用。

③ 豆腐選擇盒裝為佳，若是用鹽滷豆腐，鍋燒味重的豆腐會搶了蟹粉的味道。

炒蟹粉・蟹粉豆腐

食材： 大閘蟹公母幾隻（可只用母蟹，也可加少許 1、2 隻公蟹），蔥，薑，豆腐

調料： 豬油，黃酒，鹽，白胡椒粉

炒蟹粉（禿黃油）

做法：

① 大閘蟹用刷子洗淨，大火蒸 15 分後關火放涼。

② 把蟹黃、蟹膏及蟹肉拆下分開放，蟹殼留下。

③ 鍋中倒入豬油，把較大的蟹殼放入鍋中小火慢熬，熬出紅色的蟹油後，取出

想要在蟹的產季之外還能吃到蟹，除了蟹粉（禿黃油）外，醉蟹也是另一種保存方式。醉蟹只用母蟹做，因為公蟹的膏並不適合生食，反而體現不出來熟食蟹膏的黏稠滿足感。早期醉蟹只有「生醉」一種做法，後來上海政府考量到食用生食的安全隱憂大，規定餐廳不能賣生醉，逐漸的，也有了「熟醉蟹」的出現。

生熟醉蟹做法的最大差異自然是生熟不同，再來是白酒比例不同，調料配方則是根據各家的喜好來做。生醉顧名思義，就是先讓蟹醉，把活蟹洗淨後稍微晾一下去水分，放入大量的高濃度白酒（也有人用茅台或者威士忌之類），主要目的是殺菌消毒，這時候活蟹會吐沙、髒物出來；待蟹已醉、不再亂動，就可以放進提前煮好放涼的醬汁中，浸泡十天左右，之後便可食用。熟醉蟹則是先蒸熟後放涼，再放入醬汁中。醃製生醉與熟醉蟹的醬汁可以略不同，基礎醃製的醬汁是以醬油、冰糖、鹽、薑片、花椒、香葉為材料，小火煮開放涼後加花雕酒而成，醬汁最終的調味則可以按照自己喜歡的口味及香料斟酌調整，來區分生醉與熟醉醬汁味道的不同；我個人喜歡在熟醉醬汁裡放酸梅，生醉醬汁則放檸檬片，來增加不同的風味。

生醉蟹

特別要注意的是，大閘蟹一定要吃活蟹，死蟹會產生有害生物胺，容易造成食物中毒，甚至危害生命。

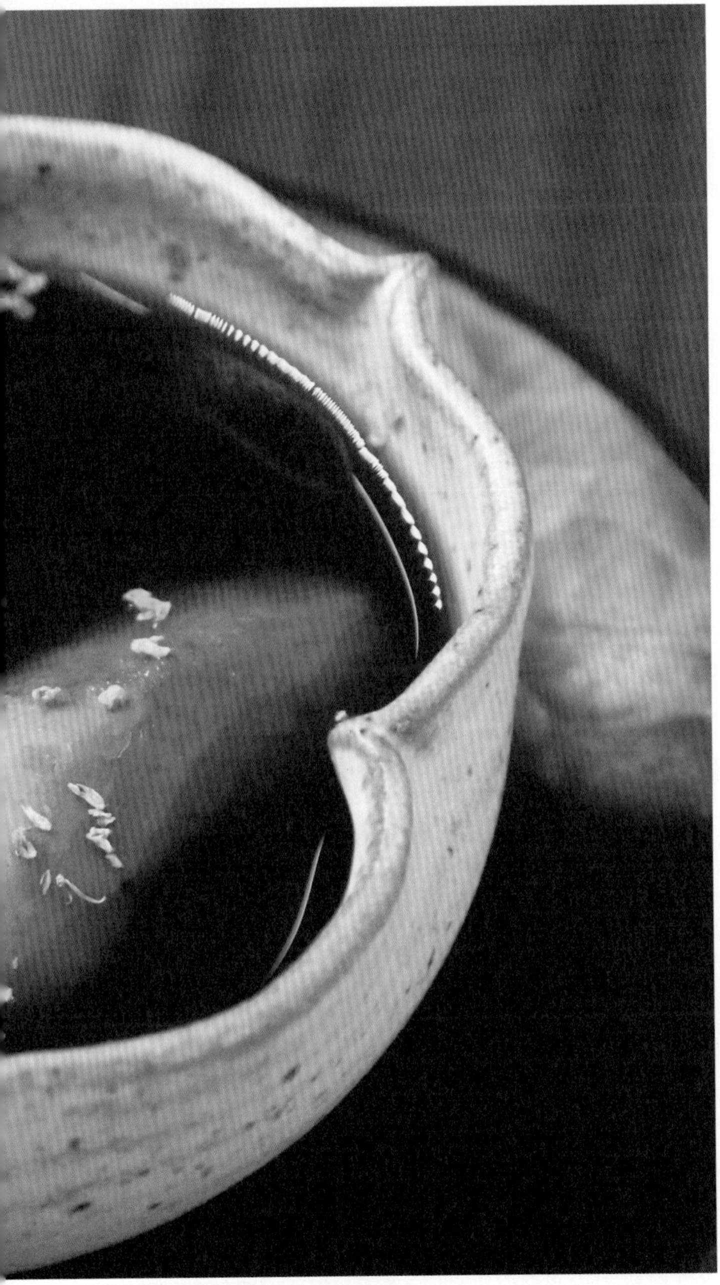

卷五 秋日旬味

上海人中秋節除了月餅外，家裡過中秋必吃的食物是鴨子、芋艿及毛豆。

上海人過中秋

鮮肉月餅、鴨子、芋艿、毛豆

我國中畢業後就不住家裡，而父母特別在意一年中的三大節日聚餐——端午的雄黃午餐、中秋節的賞月晚餐、過年的年夜飯，規定我們孩子這三大節日都必須回家吃飯。小時候對於這三個節日，除了年夜飯吃大餐可以領壓歲錢最令人期待之外，喜歡過的就是中秋節了，因為有文旦、柚子可以吃。後來因為一則廣告，幾乎改變了整個臺灣中秋過節的氣氛，變成了家家戶戶烤肉過中秋，但在我們家裡，仍不會烤肉，還是以傳統的飲食為主。

鴨子、芋艿、毛豆

住上海後，才知道原來上海人的中秋節與臺灣完全不同。在還未嫁給先生的某一年，中秋節那天經過一家烤鴨店，看到大排長龍一整天，我好奇地問：今天烤鴨店有什麼活動嗎？這麼多人排隊？排隊的阿姨說：今天中秋，要吃鴨子。中秋節要吃鴨子？我第一次聽到，再繼續問：為什麼中秋要吃鴨子？阿姨答不上來，只說：就是傳統中秋節都要吃鴨子。

等我結婚嫁入上海家庭後，才知道原來上海人家裡過中秋，除了月餅外，必吃的食物還有鴨子、芋艿及毛豆。為什麼是這幾樣食材呢？後面慢慢述說。

【鮮肉月餅】

中秋節時，臺灣人同樣也吃月餅，除了臺式月餅外，也偏向港式月餅。過去的上海人會將港式月餅當作送禮用，而非自己食用，因為可以久放，但在老上海人心中，最好的月餅則是鮮肉月餅。

鮮肉月餅源自蘇州，從過去到現在，上海人依舊習慣月餅是當天現做、現烘、現吃。其實鮮肉月餅一年四季都有售，先生說最早是在淮海路上的高橋食品店，後來才有不少老字號的糕餅店開始做鮮肉月餅，現在每家老店也都有各自的追隨者，像是光明邨、西區老大房、泰康食品等等，平日隨時可買。這幾年到了中秋，一些江浙餐廳都有做；還有寺廟也有賣素月餅，當中最出名的應該是龍華寺。無論是哪一家，中秋節前每家老字號都有大排長龍的人們等著購買，特別是在南京東路的幾家店，成了中秋節前的一條風景線。

大部分的上海人不會自己在家做鮮肉月餅，

老大房的鮮肉月餅

都是外買居多，我們家裡也是如此。自己最愛的是西區老大房，熱時一口咬下去，酥鬆的外皮包裹著肉餡還有湯水，不會吃得口乾舌燥，也不會過油；這時候來杯熱茶再適合不過了。吃不完的鮮肉月餅，可當隔天早餐，再吃時便用平底鍋，把月餅放冷鍋中開小火烘，口感依舊好。

一直以來，許多人都認為江南人喜歡吃甜，北方人喜歡吃鹹；但是無論是端午或中秋節，北方人只吃甜粽及甜味月餅，上海人口味則偏好鹹粽及鮮肉月餅。這幾年不僅僅是蘇式月餅、港式月餅暢銷依舊，因為物流的便利，連雲貴地區的「雲腿月餅」、杭州的「榨菜肉餡月餅」等不同地區的月餅，也很多人透過網路購買；甚至上海的許多法式餐廳及麵包店現在也推出「法式風味月餅」。至於喜歡吃哪一種？每個人都有各自的心頭好。

【鴨子】

中秋節吃鴨子，據說有這樣的一段歷史典故：元末時期，漢人想推翻蒙古人的政權。當時的統治嚴厲，為了反抗，於是採用暗語「鴨子」，這是漢人稱蒙古人「韃子」的諧音。漢人相約好在中秋節吃鴨子，用意就是中秋當天採取行動來推翻統治。後人為了紀念，於是在中秋節這天都會吃鴨子料理。這傳聞有趣，不過真假不可考，但也成了上海人在中秋節必吃鴨子的習慣。

從食材的角度來說，「（農曆）七月半鴨，八月芋艿」，鴨子正是秋天最具季節性的食材。不同於臺灣，大陸普遍很喜歡吃鴨，各地都有吃鴨的習慣：江南地區的醬鴨、南京的鹽水鴨及板鴨、蘇州的母油船鴨、揚州的三套鴨、紹興的糟鴨、北京的烤鴨、北方的香酥鴨、四川的樟茶鴨、福建的薑母鴨等等。不過，說到吃鴨，一定要說到南京人，他們幾乎每日必吃鴨，即便自己不煮，也會買上一份鹽水鴨帶回家吃吃。連北京的烤鴨，最初也是明朝從南京遷都到北京時，把在南京食鴨的習慣帶去北京，而變成了北京烤鴨。食物總是隨著朝代或人民的遷移，而逐漸改變了當地的飲食習慣。

在大陸，市面上也有很多連鎖品牌的外賣滷菜是以鴨為主，特別是鴨頭、鴨脖、鴨翅。滷菜裡有一個「鴨腳包」挺有意思（有些地方叫掌中寶，但也有些地方的掌中寶是指用雞鴨腳掌中心的那塊脆肉炒出的菜餚），鴨腳包是在鴨腳裡填入鴨胗，再用鴨腸捆綁做成的滷

1 | 鴨腳包
2 | 溫州臘鴨舌

味，在上海的一些滷味攤位上不時能看到。

同樣的捆綁方式，早在三〇年代安徽宣城的做法也可見：先醃製後晾乾，需要先蒸過再食用，口感如臘味，鴨腳緊實有香氣。而同樣是臘味做法，溫州最喜歡的卻是採用鴨舌頭的部位，這種臘鴨舌，不僅當地有幾個知名品牌，連在菜市場也能買到，帶回家只要蒸一下即可吃，溫州的朋友告訴我，把蒸好的臘鴨舌蘸醋吃，特別適合配酒。

我對於鴨料理最早的記憶，是小時候家裡每到請客時必會做的「炒鴨血」，這道湖南永州的傳統菜，是由籍貫湖南的父親教導母親做的。記得每次做這道菜，母親都要提前訂鴨、殺鴨，將鴨血滴入碗內，碗裡必須放醋及白酒，好讓鴨血不凝固。料理時先將切小塊的鴨肉、鴨雜及配料炒過調味後，最後淋上鴨血再煸炒，端上桌的菜黑鴉鴉的一片，看起來不美觀，卻很下飯。據說現在連在湖南永州也不常見，我一直想試著複製，可惜在城市裡很難買到新鮮的鴨血。母親的另一道鴨料理「八寶鴨」，則是從名廚傅培梅的電視節目及書上學會的，母親的刀工俐落，能夠將鴨完全去骨而保留原型不破皮，這應該是我最早接觸的上海菜，但當時的我完全不知道。如今自己做菜，還是沒能做到去骨不破皮的工夫。

上海的菜市場中，販賣的鴨子品種以麻鴨及白鴨為主，其中麻鴨是中國數量最多、分布最廣的家鴨，也是江南人喜歡吃的品種。麻鴨體型不大，皮肉之間的脂肪層不厚，在上海菜中，經常能看到以麻鴨做的料理，如餐廳裡的工夫菜「八寶鴨」。八寶鴨本是道地的蘇州菜，隨時間逐漸演變，融入了魯菜、川菜、粵菜等元素，各地略有不同，有的也不拆骨，特別是家庭做法，不是一定要去骨。將八種配料煸炒後與蒸好調味過的糯米拌和，填入鴨肚中用棉線縫合；再用開水淋鴨，塗醬料上色蒸，或烤，最後把蒸後流出的醬汁倒出來煮，勾薄芡淋到鴨身上即可。不過大部分的上海人很少在家做八寶鴨，反倒是另外兩道鴨料理：前菜的「醬鴨」、熱湯的「老鴨扁尖芋艿湯」，比較是家常能做的菜。

餐廳的醬鴨

醬鴨的做法在江南各地略有不同，

在家做的上海醬鴨

上海、蘇州、杭州及紹興最常見；上海醬鴨也很像臺灣一些地方的冰糖醬鴨，因為鴨肉品種及調味略不同，滋味也會不同。上海醬鴨的做法，有些人喜歡先油淋把鴨皮縮緊再放入醬油及香料燒，這樣皮也不容易破；如果是在家裡做，則可不經油淋，將鴨洗淨後吊起風乾一下再燒亦可。煮好後放涼再切，吃的時候取醬汁少許，燒得濃稠，淋到切好的醬鴨上即可。

我個人特別喜歡紹興醬鴨，它不是紅燒類做法的醬鴨，應該比較算是臘鴨，只能在冬天近零度的天氣下做才會好吃，並且能保存得久。大前年連著兩年都自己做，這兩年的上海冬天都不夠冷、又潮溼，就沒有做。紹興醬鴨靠的是醃汁、曬時的溫度及時間，做法是：先把鴨清洗後，用竹片撐開鴨，塗少許熟花椒鹽，風乾一天後再進行醃製；醃汁則是以醬油及幾種香料小火煮後放涼備用；將風乾的鴨放入醬汁裡並用石頭壓，每天必須為鴨翻身，晾曬時頭三天要零度左右的溫度，每天再將醃的醬汁小火煮開放涼淋鴨，鴨子才不會變質；曬到鴨皮硬壓時仍柔軟、略有滴油時即可。做好的醬鴨需要蒸過後才能食用，最好的蒸法是盤底放芋頭片、上面放醬鴨蒸，讓芋頭吸收鴨油及醬鴨的醬香味，蒸過的醬鴨若是沒吃完，可以拿來

自己做的紹興醬鴨

老鴨芋艿扁尖湯（8~10 人份）

食材：老麻鴨一隻，金華火腿一大塊，扁尖少許，芋艿幾顆，薑片

調料：鹽（不一定需要）

做法：

① 準備 2、3 年的老麻鴨，一整隻鴨清洗乾淨，剪掉鴨屁股（騷味比較重）。

② 湯鍋裡放進老鴨、薑及金華火腿燉湯，開大火煮沸後，把雜質去掉，開小火慢燉 3 小時。

③ 芋艿洗淨去皮，若太大可以切半。

④ 再將扁尖及芋艿加入②燉煮，此湯無需調味，利用火腿及扁尖的鹹即可。

備註：

① 臺灣可用肉鴨或櫻桃鴨替代麻鴨。

② 扁尖是用竹的芽或嫩鞭做的鹹筍乾，也稱為「焙熄」，以它來燉湯，湯的香氣突出，上海人常用。臺北的南門市場部分攤位有賣。

③ 扁尖若不夠鹹，可放鹽調味。

④ 如果沒有扁尖及芋艿，可以換成薏仁、帶皮冬瓜及荷葉，做成「老鴨荷葉冬瓜湯」，適合夏天時食用。

⑤ 燉鴨湯選用的鍋子最好是用有透氣孔的鍋，因為鴨有腥味，煮湯時讓透氣孔把腥味散去。

做菜泡飯，一點也不浪費。

我們的上海客人總覺得秋冬時節來一碗鴨湯是最舒服的，當然也是秋冬時節的鴨最肥美。臺灣的薑母鴨用的是番鴨，以薑塊、薑汁及中藥材進行料理；上海人不喜以藥材燉鴨湯，而是喜歡老鴨芋艿扁尖湯。燉湯方式與臺灣不同，老鴨都是不切塊，若切塊燉湯，湯則不清；上海人主要是喝湯，而不吃肉（當然在家料理，還是會把鴨肉吃完），而臺灣人則喜歡可同時吃肉喝湯。

【芋艿】

南方人在中秋節祭月時使用芋頭，據說也是和紀念元末的歷史有關：漢人在八月十五起義，推翻元朝統治，以蒙古人的頭來祭月。後來當然不可能在每年中秋節用人頭祭月，便用芋頭來代替；至今還有些地方在中秋節吃芋頭時，把剝芋皮叫作「剝鬼皮」，有辟邪的意義。

江浙一帶亦有中秋節吃芋艿（小芋頭）的習俗，農曆八月正好是芋艿上市的時節，而且江南方言念芋艿諧音為「運來」。所以中秋吃芋艿，不僅一享口福，而且還表示好運連連。

芋艿與臺灣的大甲芋頭（檳榔心芋及其改良品種）口感不同，芋艿因澱粉質地不高，所以吃起來口感綿細不粉；而臺灣的檳榔心芋和廣西的荔浦芋頭是一樣的，兩者的芋頭肉同樣呈白色，質地鬆軟，切開時可以看到芋頭肉布滿細小的紅筋，有如檳榔花紋，因此廣西的荔浦芋頭也別名檳榔芋。芋艿最簡單的吃法就是帶皮煮，吃時剝皮沾綿白糖，這是上海人很愛的吃法；有些地方是沾蒜泥醬油，各有各的滋味。蘇州一帶則是喜歡做「桂花芋艿甜湯」，

芋艿沾糖

桂花芋艿甜湯

蔥油芋艿（4 人份）

食材：芋艿 6 顆，小蔥

調料：植物油，鹽

做法：

① 將芋艿洗淨，帶皮入鍋放水煮到九分熟，納涼剝皮切塊。

② 小蔥洗淨切細。

③ 鍋中放少許油，拌炒切塊的芋艿，加少許水直到芋艿邊上化開，呈現出如勾芡般的泥狀。

④ 倒入小蔥拌炒，到蔥的香氣出來，放鹽調味即可。

湯底用紅糖來煮，再以時令的桂花提香。若做熱菜，除了煮老鴨芋艿湯外，「蔥油芋艿」則是最常見的上海家常菜，特別是會用上大量香氣很強的小蔥；如果喜歡吃肉，可以先炒肉末煸香後再放芋艿及小蔥，這可做成湯菜，或者多加水做成湯也很美味。

【毛豆】

毛豆在上海話中讀作「毛豆莢」，「莢」音諧「吉」，寓意吉祥，多子多孫。在節慶時節多喜歡食用這種好寓意的食物，特別是秋天的毛豆，是最好吃的季節。上海人非常愛吃毛豆，最簡單的就是毛豆莢清煮直接食用，尤其在中秋節那天；另外，在許多家常菜裡也都會放毛豆。毛豆的品種很多，記得有一年返臺教上海菜課程的時候，曾經用過一個品種的毛豆，吃起來有芋頭的味道，據說是專門出口日本的。上海也有一個特殊品種叫「牛踏扁」，是在秋天十月左右才有的本地種，因豆粒形狀像牛腳掌呈扁圓形，口感糯、酥，顆粒形體比一般的毛豆大，被上海人認為是最好、最正宗的毛豆。

在朱家角水鄉地區，牛踏扁毛豆盛產時，會用它來做「燻青豆」：將毛豆用水煮時，先用鹽與糖調味，煮熟後瀝

1 | 牛踏扁品種的毛豆
2 | 朱家角的燻青豆

乾水分，放到篩子上吹乾，再用一大木箱，下面放著炭火，上面放毛豆，小火慢燻，燻過的毛豆很有嚼勁。早期是單單只有青豆，或者是加入切得細小的筍一起燻的口味，現在則有各種口味。燻青豆除了可以當作零食外，也可配酒、配茶，在吳江地區還會用燻青豆作為茶飲中的配料，用於正月招待親友或是婚禮宴席的茶飲。

燻青豆的木箱

　　毛豆無論是用在哪種料理上，都很好吃。夏天盛產時，上海人很喜歡水煮後做成糟毛豆，有些家庭也會在炒六月黃時放上一點，還會做毛豆炒絲瓜、毛豆炒小青菜。尤其毛豆炒小青菜特別適合在夏天做，因為夏天不像春、冬二季有這麼多好吃的綠葉蔬菜：先將小青菜（青江菜）切末、放鹽搓揉，再壓緊醃漬四小時左右後擠掉水分，這種短時間的曝醃可以去掉小青菜的澀味；然後煸炒毛豆，再放入小青菜混炒即可。炒完後盤底沒有什麼油，也不需要再調味，喜歡辣可以加一點辣椒末，是上海人很喜歡的老式做法。連不喜歡小青菜的我，也愛吃這道菜，還有些上海客人看到這菜就想要一碗白飯，把它拿來做泡飯是最適合不過了。

　　糟毛豆及毛豆炒小青菜，都是上海人夏天

毛豆炒小青菜

喜愛的清爽味道。我最愛的則是一道蘇州家常菜「勾芡毛豆」，這道菜菜名不佳，每次客人在未嘗過之前問我菜名時，他們都很難理解這到底是什麼菜？對於這道菜，老一輩的蘇州人就是很直接地用蘇州話翻譯，沒有多餘的解釋。以毛豆為主，當季（夏秋）的茭白為輔，無需任何調味，加上用好的南風肉（介於火腿與鹹肉之間的一種醃肉）、扁尖來代替鹽調味，讓這道菜的鹹香味很突出；最後用勾芡的方式，讓毛豆與茭白融合成了極致素鮮與鹹鮮的美味，配飯、配麵皆宜，是一道百吃不膩的家常菜。

勾芡毛豆（4~6 人份）

食材：毛豆半斤，茭白一根，扁尖幾根，南風肉（或金華火腿）一小塊

調料：植物油，葛根粉（或太白粉）

做法：

① 扁尖先泡冷水，水不要倒掉。

② 將茭白、南風肉、扁尖都切丁狀。

③ 鍋中放油煸炒毛豆，接著加入茭白丁，最後再加南風肉及扁尖煸炒。

④ 加少許水入③大火煮開後轉小火，直到毛豆煮透。

⑤ 嘗味道，若不夠鹹可以加扁尖水調整鹹度。

⑥ 調芡汁，倒入鍋中，勾薄芡，燒開即可裝盤。

備註：

簡單來說，南風肉就是比較新鮮的火腿，是用豬前腿以火腿方式醃製半年，每年六月左右上市；金華火腿則是用豬後腿醃製，需醃製最少一年以上。

蘇州水八仙—上—

水芹、蒓菜、茭白、雞頭米

「蘇州水八仙」是蘇州八種水生植物的統稱：橫山荷花塘的藕、南蕩的雞頭米（芡實）、梅灣的呂公菱、葑門外黃天蕩的荸薺、太湖的蒓菜（也寫作「蓴菜」），加上茨菰、茭白及水芹。蘇州的湖泊河流面積大，水八仙在蘇州人一年四季的生活裡是極其重要的蔬菜需求，其中蓮藕、荸薺、茭白、菱角這四樣食材在臺灣比較常見，另外四樣則比較少見到。

雖說是「蘇州」水八仙，其實各自分別能在大陸許多地區見到，因為許多省分都有湖泊

水八仙：❶水芹、❷茭白、❸茨菰、❹荸薺、❺藕、❻菱角、❼雞頭米、❽蒓菜。

及溼地，環境相似，緯度及氣候相同；不過，即便是同樣的食材，各地品種還是略有不同。而在一個地區中能完全有這八種食材的，卻只有蘇州，主要還是因為蘇州的地理環境及氣候適合這些食材生長，就連臨近蘇州的上海及附近的城市也沒有樣樣齊備；因此提到江南水八仙時，指的就是蘇州水八仙。

一般來說，水八仙每種食材都是不同的季節採收，不過我們在二〇一八年十月曾經以水八仙為主題，搭配其他食材做了一桌餐；當時正值金秋十月，是食材替換的季節。在水八仙中，秋令當季的嫩菱角是比較難保存的，而荸薺與茨菰通常也不會在十月中旬同時上市，一般是十一月後上市。當時完全是因為氣候條件的關係，剛好能將八樣新鮮食材湊齊；而那次恰巧是蔣勳老師來上海用餐，也是這幾年來我們唯一一次做的水八仙餐。我們用水八仙搭配其他食材做了八樣菜：前菜的「糖藕」，熱菜的「蝦仁炒荸薺」、「水芹炒香乾」、「蒓菜蛤蜊羹」、「茭白炒鱔絲」、「毛豆炒菱角」、「茨菰紅燒肉」，餐後甜湯「桂花雞頭米甜湯」。

在此就先介紹水八仙中的四種食材：水芹、蒓菜、茭白及雞頭米。

【路路通・水芹】

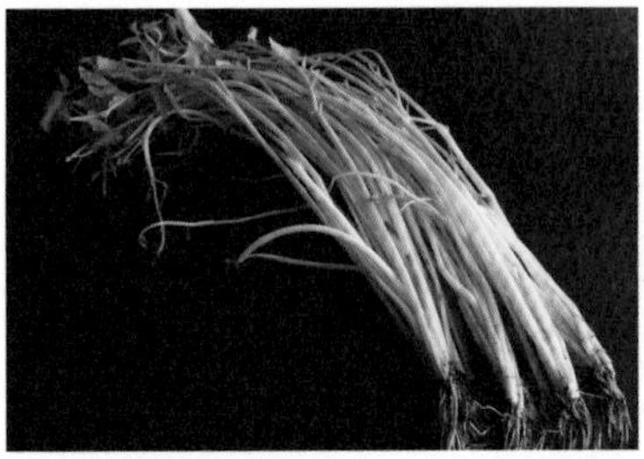

水芹

水芹是很古老的蔬菜，先秦的《呂氏春秋》中就提過「雲夢之芹」，在當時是菜之上品；至今依舊是江南很常見的蔬菜。

芹菜都有一樣的特性，就是清熱利溼、平肝健胃，水芹也一樣。第一次吃水芹時，對這食材的奇特味道感到驚奇，它比我們平常吃的芹菜味道重很多，有一種特殊的芳香味，在別的蔬菜裡是吃不到的。有人說那是一股藥味，因此喜歡的人很喜歡，不喜歡的始終不願吃。不同於臺灣的芹菜，水芹不是長在土裡，而是在水田裡才會長大。水芹的根莖不是一株株的，而是連接在一起，生長期從夏末開始，每一段莖節會不斷發出小芽，長出新的水芹，所以在淤泥裡的根總盤錯在一起；如果把小段莖節隨意丟到水盆裡，它會把整個盆給盤踞占滿。採水芹時，必須整個拔起，通常會帶一整坨淤泥，農家會先稍微沖洗掉一些，不過到菜市場上賣時多半仍帶有泥。買回家清洗時，有時候還會不小心看到「螞蟥」（會吸血的水蛭），有一回我不小心摸到螞蟥，以致後來洗水芹都特別留意。

在淤泥及水裡長的水芹，接觸不到陽光，靠近根部的根莖是白色，由於沒有葉綠素，纖維細嫩，因此白色的部分多，就表示比較嫩；如果已經是青色的，就是老了，這是去菜市場採買時需要注意的。有時我端炒水芹上桌，看到客人只夾盤中綠色的水芹段時，我就會提醒客人要吃靠近根部的白色部位，才是最嫩、最香的。

餐廳裡的炒白芹

另有一種芹菜叫白芹，顧名思義都是白色的。它的口感味道和水芹略像，但白芹不像水芹那樣有莖節，因此上下粗細一致，通常是像筷子一樣的粗細，偶爾也會在菜市場看到有賣。

水芹在氣候太熱或太冷時會停止生長，因此最佳食用的時間是微涼的秋天後到春天，如果冬天不是很冷，也常可見到。由於它的莖是管狀，中心暢通，又會連著長，因此在江蘇一帶被稱為「路路通」，再加上「芹」與「勤」諧音，所以春節時人們會特別買來做佳餚，象徵著來年勤勞致富；在除夕的年夜飯也必吃水芹，祈願大人吃了事事通達、心想事成，小孩吃了能「勤（芹）奮讀書（水）」，如同《詩經》裡說的「思樂泮水，薄採其芹」，作一個「采芹人」（讀書人）。

老一輩的上海人在清洗水芹前，會用方筷子邊刮邊打，把葉子打下；而我還是習慣用手掐掉上面較老的部分。先生對水芹特別挑剔，若是他來洗水芹就會丟掉非常多的莖，他說水芹必須要吃起來沒有任何的菜渣感才好吃，稍微老一點點的莖他都丟棄。於是他丟棄的那些莖葉部分，我會把它們留下、洗淨後汆燙，放涼切末做水餃或餛飩餡料，我還特別愛吃，因為它的味道是別的芹菜無法取代的。有時候煮一些丸子湯或者鹹粥，若家裡有水芹，我也會摘一些葉子放在裡面增加香氣。

餐廳的涼拌水芹

上海人對水芹的吃法最喜歡的就是涼拌及炒，特別是與豆乾清炒，炒香菇

水芹炒香乾（4 人份）

食材：水芹一把，香乾（豆乾）2 片

調料：植物油，鹽

做法：

① 水芹清洗後切段，香乾切片。

② 鍋燒熱倒植物油，倒入香乾稍微煸炒，再放水芹段。

③ 快炒後放鹽調味，在水芹還沒出水前就必須關火，起鍋裝盤。

也可以，比較少拿來與肉類搭配。它的清香味作為全素的炒菜是味道最好的，是一道極清爽解膩的菜。

炒水芹確實是一道簡單的菜，但是必須炒到水芹不能軟塌，剛上桌時必須吃起來有清脆感才最好吃。檢驗這道菜炒得好不好，可以看盤底是否有汁水，因為有鹽，隨著存放時間越長，水芹就會出水越多，也會越軟。

【思鄉之味・蒓菜】

第一次吃到蒓菜，是約二十年前還任職臺灣公司時的員工旅遊，當時是在西湖樓外樓餐廳吃到的蒓菜羹，沒什麼印象，特別是湯底勾的濃芡，讓我不覺得有特別的美味。然而因為西湖樓外樓這道菜相當知名，於是也成了許多人對蒓菜的初印象，「西湖蒓菜」深深地烙印在許多人心中。

到上海生活後，發現上海的餐廳裡並不常見蒓菜料理，甚至市中心的菜市場更難以見到，許多人對蒓菜幾乎沒有任何認識。我也是直到十二年前，先生帶我去「吳越人家」麵館吃過一次「蒓菜煨麵」（現在也已見不到任何麵館裡有做這道麵食），以及每次到蘇州東山時總會吃到蒓菜料理，才有了新的認識。反倒是這幾年到家來吃飯的日本客人對於蒓菜有點接觸，因為在日本的懷石料理中常能見到蒓菜，但多半是一道菜放一朵的方式，因此日本客人來家用餐時，看到我們一次放半斤以上的蒓菜都很是訝異！

蒓菜也是一種很古老的蔬菜，最早在《詩經・魯頌・泮水》中就已經提到「思樂泮水，薄采其茆」，「茆」即是蒓菜。蒓菜的葉片為深綠色，呈橢圓形浮於水面；夏天開花，花不大，是暗紅色。採摘的季節從四月中下旬（農曆三月）到十月，春、夏季採作蔬菜食用；秋季後植株漸老，葉小而味苦，多用作豬飼料。蒓菜必須長在無汙染的水源環境中，因此現在的西湖已經見不到蒓菜的種植，改在杭州郊區、太湖及四川栽培，尤其臨近太湖的蘇州東山是蒓菜的大產區，主要出口日本。

蒓菜農家

二〇一九年六月底，特別託還住在蘇州東山的堂哥安排，請農家搖船載我們去近距離地觀看、拍攝蒓菜採摘的情況。這位在東山種植蒓菜的農家，原本是醫生世家，在抗日時因為父親認為醫生救人無國籍，為日本人看病，而招來殺生之禍，致使全家人一路逃到蘇州東山避難，做起農活維生，直到現在。雖然他的生活依靠農務，但依舊有自己的愛好，平日喜歡玩樂器「阮」，和堂哥一起參加了民樂樂團。

蘇州東山的蒓菜塘，當地人叫「蒓菜蕩」，我們看到採摘的人趴在菱桶裡，並在桶後雙腳附近放一些磚塊，來保持菱桶的平衡，面朝水，背朝天，用雙手將一朵朵的蒓菜從水下採摘上來（浮在水面上的蒓菜就是已經老了）；菱桶前方放置收蒓菜的籃子，用一根木頭頂到菱桶，

1｜蒓菜塘
2｜採蒓菜
3｜剛採上來的蒓菜

讓籃子能夠在水中穩住，以便於採摘，完全是靠著雙手在塘中划行移動。同樣產蒓菜的四川，採摘方式則完全不同，因為水域沒有太湖東山深，水深不到膝蓋，都是以站立彎腰的方式採收。

剛採收上來的蒓菜是紅綠色的，葉綠背紅，整株捲曲，裹著透明黏液，紅色的部分會隨著與空氣的長時間接觸或汆燙後，褪去變成綠色。剛採摘的新鮮蒓菜只能存放五天，最好是焯水殺青處理後放冰箱，一方面殺菌，另一方面可以存放半年以上；若想保存更久，必須帶水包裝放冰庫裡保存。蘇州菜市場上的蒓菜，多數是在賣螺螄的攤位上兼賣，因為螺螄吃水草，採摘蒓菜時，也能抓到一些螺螄，因此蔬菜攤也偶爾能看到。買新鮮蒓菜時會以黏液的多寡來判斷好壞，因此有些不肖商家會再添加漿糊，讓客人摸起來感覺黏液很多，所以需要留意。還有另外一種是罐頭包裝來販賣，為了保持蒓菜的鮮綠色，有的會添加醋酸，讓它可以存放得更久，可是這樣蒓菜的清香味會少去很多，若是買到這種包裝，需要用清水泡久一點，清洗多次才能去掉醋酸味。

關於蒓菜，最著名的故事應是西晉張翰的「蒓鱸之思」：張翰不願捲入當時官場的紛爭，他見秋風起，思念起吳中的菇菜、蒓羹、鱸魚膾，於是決定回鄉，也因而躲過了一劫；此後蒓菜成為寄寓思鄉情懷之物。這讓我想起我已經九十歲的公公，他是在蘇州東山祖上於元代建的老宅子裡出生及長大的，對蒓菜更有偏好，自小就常吃；年少後到上海工作及定居起家，每年到了蒓菜上市時，老家的堂哥堂姊們都會準備一些捎到上海來，帶給公婆享用。公公對於太湖蒓菜有著無限的喜愛，那是來自於對家鄉食物的一種記憶，特別是「蒓菜昂刺魚湯」，他總是認為蒓菜必須和昂刺魚一起燒湯才是正確的，因此在春夏季節時總會要我們燒這道湯品。

蒓菜昂刺魚湯

《紅樓夢》

中多次提及「金蒓」，金蒓就是蒓菜，且在第七十五回中還提到：「王夫人笑道：『不過都是家常東西。今日我吃齋，沒有別的東西。那些麵筋豆腐老太太又不大甚愛吃，只揀了一樣椒油蒓齏醬來。』」這個「椒油蒓齏醬」，從現代的烹飪角度來說就是涼拌蒓菜，「齏」就是把蔬菜的莖葉切細，加鹽或其他調料、香料、醬、醋等進行醃漬或攪拌，製作成食用的醬菜。

椒油蒓齏醬

按這方式，我也在夏天做椒油蒓齏醬當作前菜：把蒓菜洗淨汆燙，再放入冷開水中，來保持蒓菜的嫩滑口感，瀝乾水分後，切碎（現在做法不切碎亦可）放置一碗中，另起熱鍋入油，先倒入花椒炒香後，把花椒取出，留花椒油在鍋中，再倒入蔥末、薑末爆香後，倒進蒓菜中，再按個人口味調入醬油、醋等拌勻，若喜歡辣味也可以放辣椒或辣油。

蒓菜是較為清淡無味的食材，在蘇州最常見的料理方式就是和鮮魚湯一起，特別是昂刺魚及塘鱧魚，或是以加入太湖銀魚、火腿肉絲、蝦丸的方式來料理，都是取其他食材的鮮味合以蒓菜，做出清而有味的湯菜。在我們家裡做餐，蒓菜多在夏天食用，多數不採魚、蝦、肉來做，而是用蛤蜊，以蛤蜊的鮮味吊出蒓菜的清香；同時這道湯品清湯無油，看來清爽，即便作為冷湯喝，也舒服。有個臺灣小客人每回跟著媽媽來吃飯，都等著喝蒓菜蛤蜊湯，他說這是他最愛的一道湯了。

蓴菜蛤蜊湯（6 人份）

食材：新鮮蓴菜半斤，蛤蜊一斤，金華火腿幾片，薑片

調料：鹽，糖

做法：

① 蛤蜊洗淨後，汆燙至開殼後取出，放涼後剝出蛤蜊肉。

② 汆燙過的水，加上蛤蜊殼、薑片、金華火腿，放入砂鍋小火燉煮 1 小時左右。

③ 湯底完成後，將鍋裡的蛤蜊殼、薑片取出棄之。

④ 另一鍋中放水煮開，將洗淨的蓴菜焯水過濾後，放入湯鍋煮開，以鹽及少許糖調味。

做蓴菜料理時，蓴菜不宜多煮，訣竅是要先將湯底做好，最後再放蓴菜；也不要用鐵鍋，容易發黑。多年前得知臺灣宜蘭有復種成功，如今臺灣也能吃到新鮮的蓴菜，還把蓴菜做成了各種加工品，有機會可以嘗試看看。

【茭白】

茭白在江南亦是極為常見的食材，在上海郊區種植的茭白，一年有春、秋季的兩次採收，冬天就很少有茭白。茭白對臺灣人來說並不陌生，就是臺灣所說的「茭白筍」，因食時有筍之味，故稱之。記得小時候食用茭白時，切開都伴有黑點，現在反而很難見到這樣的茭白。

茭白的學名是「菰」，「菰米」是茭白開花結的籽實，在古時候是六穀之一，在唐朝被稱為「雕胡」。現今因為菰受到真菌寄生的變化，導致根莖開始肥大，於是沒有黑點的茭白越來越多；未受到真菌感染的菰，也就是切開時有黑點的茭白則越來越少見。而開花結果的「菰米」也漸漸消失，在大陸幾乎已經看不到。如今看到的菰米，都是從美國或加拿大進口，統稱為「野米」，這幾年在大陸很火紅，主要是因為它的營養價值：熱量低，蛋白質、纖維含量又比白米高；殼很硬，需要提前泡好幾個小時再加水煮，煮好後才可以做其他料理。

茭白

野生茭白

菰米

有一種野生茭白現在很少見到，南京人稱之為「茭兒菜」，在上海郊區、蘇州及淮揚一帶能見到。這食材產量極低，長得不像常吃的茭白那樣粗大，就是沒有受到真菌感染的茭白。菜市場極少見到，偶爾會在春天三、四月時看到，價格比一般菜高出很多，我很喜歡用它做鯽魚湯，特別鮮。

去蘇州東山觀看採莼菜時，我發現蘇州種植水八仙的塘與塘之間都會種植茭白，後來才知道將茭白種在當中既是養殖，還能夠起到擋風的作用，特別是對蓮藕塘、菱角塘，茭白便成為自然防護網，可以防止熱量散發，保持塘的溫度。茭白不僅是蘇州有，大陸很多河塘湖泊地區都有，在上海則以青浦的練塘最有名。菜市場裡還經常能看到江南另一著名產地的茭白，是無錫茭白，它與練塘茭白最大的不同是：練塘茭白剝掉葉鞘之後，整體顯得光滑，無錫茭白則有皺褶。

多年前曾在蘇州吳門人家餐館中吃到一道涼菜，以茭白雕成白玉蘭花苞之形，用糟滷做調味的前菜，這是最雅致的吃法。上海人很喜歡吃茭白，食用的季節也很長，從夏到秋都是最佳食用季節。一般上海家裡最喜歡做的就是「油燜茭白」、「茭白炒鱔絲」，及搭配冷麵的「炒三絲」，我還很喜歡紹興阿姨告訴我的一個做法，是

酸白菜炒茭白

油燜茭白（4 人份）

食材：茭白幾根

調料：植物油，蝦籽醬油（可用醬油代替），水

做法：

① 將茭白隨刀塊切。

② 熱鍋後倒入少許植物油，把茭白塊倒入鍋中煸炒到茭白塊邊緣微焦。

③ 倒入蝦籽醬油炒，加少許水煮一會兒，待茭白已熟後，開始收汁。

④ 收汁到鍋內已乾，有鑊氣味出來，倒入盤中即可。

備註：

在上海的餐廳做這道菜多半是先把茭白汆燙，多油炒過後加醬油燜煮再勾芡。我們則是生炒，以保持茭白的脆及甜，外裹著蝦籽醬油的鮮。

茭白乾紅燒肉

「酸白菜炒茭白」，用冬天醃製的酸白菜加上夏日盛產的茭白及肉絲，再加少許的泡椒混炒，帶酸辣味的茭白，夏天吃很下飯。

除了作為主食材外，茭白還可作為各種食材的搭配，特別是切丁的菜，我都喜歡放茭白，譬如八寶辣醬、勾芡毛豆（見前文〈上海人過中秋〉介紹）等。甚至還有曬乾的茭白乾，這在市區裡不常見，在練塘的農家料理中就是拿茭白乾來燒肉。在我們家也有一道老菜，是經蘇州一位長輩告知做法：用河蝦做成蝦丸，把茭白切絲炒過放蝦丸燒。多年前曾經做過一次，那真是鮮，但就是成本高，一斤大河蝦只能剝出三兩蝦仁，做這道看似簡單的菜，實際上花費不低，自然也是因為河蝦貴。

【秋日的雞頭米】

還沒有嫁給上海籍的先生前，我從來沒吃過雞頭米。某年十月一個桂花滿城香的下午，那時的我從上海中山西路的住處，走到武夷路坐公車去他家，一路上樹影婆娑，桂花陣陣香得飄進公車裡，當時覺得上海的秋天真舒服；到了先生家，他說要煮一碗「桂花雞頭米甜湯」給我吃，我帶著疑問看著他：雞頭米？是什麼東西？他從冰庫裡取出一小袋看起來裝著很多顆粒狀果實的包裝，入水解凍，說二十分鐘後煮。

雞頭米是什麼？其實就是新鮮的芡實。未嫁給上海先生前，在我的認知裡芡實就是中藥，是在四神湯中必要的一味去溼藥材，但從未真正看過新鮮的芡實；嫁給他之後，雞頭米是我們家必備的食材，每年都會從蘇州訂雞頭米，放冰庫存放，隨時可以食用。

雖然經常去蘇州，也在街頭看過賣雞頭米的小攤，但還未真正看過雞頭米採摘；為此，二〇二〇年的九月初，我們事先提前聯絡了農家，安排了一天去看如何採摘。蘇州芡實的採摘通常是清晨四點左右，因為新鮮的芡實最怕曬，為了能拍得清楚，和農家商量到早上六點半左右的時間去拍攝。

未到現場看芡實採摘前，我以為也能像採摘蒓菜一樣，可以親自採摘一次，結果並不是如此。芡實的產地很多，大陸從北到南都有，品種也略為不同，大部分的芡實和蘇州芡實不大一樣，最大的不同是：蘇州的是改良後的南芡品種，果實大，雞頭苞外表沒有刺；其他大部分產地的芡實是北芡品種，屬於刺芡實，不僅果實、雞頭苞外有刺，葉下及莖上也都有刺，徒手採摘會被刺傷。所以其他地方的採摘是，兩手分別拿著各綁有彎月割刀與漏網的長杆，割下雞頭苞後用網兜住，放一旁的大木盆中。而蘇州則是農家戴上手套，手拿一竹刀於水下採摘，這需要有經驗者才能精確採到完整的雞頭苞，特別是在清晨

刺芡實

雞頭苞

雞頭米塘

採芡實

光線還不充足的情況下。

當天採摘的雞頭苞還只是第一階段。剛採下的雞頭米若馬上剝殼，會特別鮮嫩、帶有甜味，因此要趁早送到葑門一帶的加工點。而雞頭米之所以貴，其實是在於人工：雞頭苞送到後，其中幾個阿姨負責剝開外皮及去

1 | 現採現剝的雞頭米
2 | 剝外皮

掉裡面的鑲肉，再清洗乾淨；若是果實量大，清洗後會用洗衣機先脫水，再進行下一步的剝殼。

雞頭米若不當天處理，會越來越老，殼會越來越硬、越難剝。剝殼需要戴上銅指甲，一般一個人一天只能剝上幾斤而已，所以需要大量人力來處理。剝好的雞頭米，需要放入水中，並且立即帶水冷凍起來，才能保持新鮮、嫩度及Q度，如果不馬上放冰庫很容易壞掉。在過去物流不發達的時代，新鮮的雞頭米只能在蘇州吃到，上海幾乎難見到，所以想要吃雞頭米都必須到蘇州。

其他地區的雞頭米由於屬於刺芡實，雞頭苞外全是刺，並不好處理，採摘時間也不像蘇州通常趕在農曆中秋前，且摘採後是用工具以擠壓方式把果實擠出。我特意在網路上購買了幾顆刺芡實的雞頭苞在家實驗；由於殼硬，不像蘇州人會剝去小果實的殼，而是直接煮熟再剝殼吃，像剝堅果類的吃法；或者用機器磨皮再烘曬，外表呈紅皮，也就成了中藥的芡實。這些北芡品種的澱粉質很高，常常製成澱粉，我們所知道的「勾芡」，過去也就是使用芡實

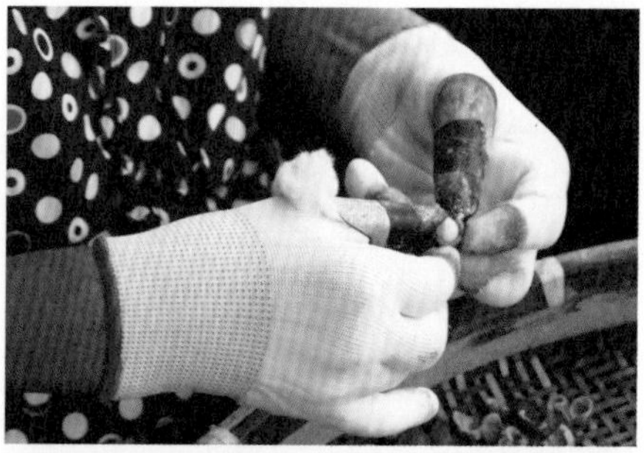

1 ｜剝雞頭米
2 ｜用擠壓方式處理的刺芡實

曬乾後磨成的「芡粉」來使用。而蘇州的雞頭米屬於南芡品種，雖然也能做成芡粉，但主要以食用剝殼的新鮮果實為主；且蘇州為了求最好的Q彈口感，採摘時間通常是在中秋時節，趁雞頭米未老就從塘中採出，否則讓它繼續生長，澱粉質就越來越高，殼也越來越硬。

在了解雞頭米處理的過程中，一個阿姨告訴我雞頭苞的那層皮是可以食用的；甚至雞頭梗在採摘季節結束後，將梗去掉有刺的皮也可食用，蘇州部分的菜市場也有賣。這是我第一次知道雞頭苞的皮可以吃，於是向加工的老闆拿了一些回家，按阿姨的說法處理：洗乾淨後去掉內層膜切絲，加上肉絲、辣椒及青椒炒來吃，這還真不是上海能吃到的一道菜，希望下次能有機會吃到雞頭梗。

1｜雞頭苞的皮
2｜炒雞頭米皮

常有臺灣客人在未吃到雞頭米前問我，是什麼樣的口感？我都喜歡這樣回覆：它就是珍珠奶茶中最高級版的珍珠。想要有這樣的口感，除了果實新鮮外，其實是有祕訣的，關鍵在煮的時間。中藥裡的芡實就是新鮮的雞頭米曬乾而成，除了需要泡之外，也要很長的時間才能煮爛；新鮮的雞頭米則不是，反而不能多煮。

在上海，雞頭米用在料理上以往是不常見的，因為在過去物流不發達的時代，如何保鮮送達是個問題；如果餐廳有雞頭米菜品，幾乎多是做甜湯。記得十多年前有一次我和臺灣的一位長輩在上海菜餐廳用餐，我看到有雞頭米，很高興地點了一份，最後結帳時一看——哎呦！居然比肉菜還貴。如今因物流方便，雞頭米自然是許多淮揚菜、上海菜餐廳愛用的食材，甚至連非江浙菜系的餐廳也拿來用。原產地的蘇州到了採收季節，幾乎每家餐廳都會有雞頭米料理，最常見的就是「雞頭米炒河蝦仁」、「荷塘小炒」及「雞頭米炒菱角」等等，無論是哪種炒法，單價都比肉類菜品高，特別是雞頭米炒河蝦仁，因為兩者都是不便宜的食材。

多年前我無意間在書上看到一道雞頭米的料理，記載中說，是曹雪芹到蘇州拜訪姑母時做的一道菜：他在市場上看到了烏背鯽魚，及小販出售、蘇州本地人所說的「浪裡雞頭」，有了做一道新魚菜的想法；於是他買回這兩樣食材，請廚師把新鮮的雞頭米塞到乾淨的魚肚裡，並在魚側邊開一刀，也放入雞頭米後清蒸，因為烏背鯽魚像河蚌，雞頭米似珍珠，曹雪芹就將這道菜取名為「大蚌燉珍珠」。先生很擅長蒸魚，於是我們便試著做，向來不愛吃鯽魚的我，也被這道菜吸引，鯽魚的鮮加上了雞頭米，意外的鮮嫩好吃，完全無魚腥土味，當然前提是要選擇好的鯽魚。上海人很喜歡吃鯽魚，於是我們也做這道菜給客人食用，結果這道蒸魚很受客人的青睞，只要是不怕鯽魚多刺的客

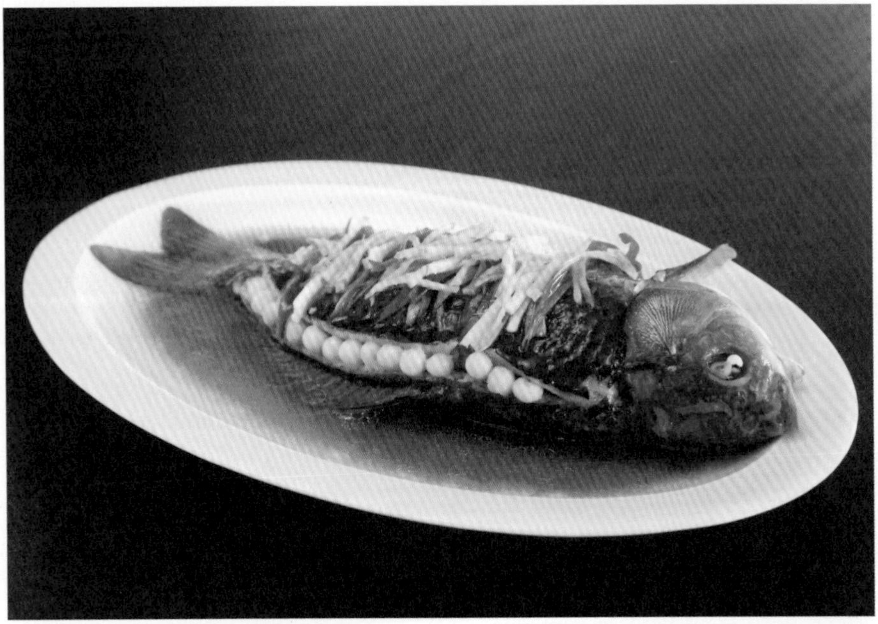

大蚌燉珍珠

人，經常會預訂，甚至有些客人說只要來吃飯，希望每次都能做這道蒸魚。這真是拜物流之便利及冷凍的方便，才能讓我們一年四季都吃得到這道菜。

雞頭米的料理最簡單的方式就是煮甜湯，最能直接體會到雞頭米的Q彈，在蘇州街頭都看得到有店家販售。以蘇州的物價來說，這甜湯在蘇州的甜食裡算是貴的，拿平日愛吃的糕糰相比，一個小糕糰的價格最多五元一份，而雞頭米甜湯則是一碗三十元左右。街頭最常見的做法是清煮後撒上乾桂花及糖，我則喜歡用醃製後的桂花加上蜜來調味，這是秋日的桂花甜湯味道；如果想要更濃郁一點的點心，我則喜歡在冬日的陳皮紅豆湯裡加上雞頭米。

桂花雞頭米甜湯

食材： 雞頭米少許

調料： 醃桂花蜜（或乾桂花及糖）

做法：

① 鍋中放水煮開。

② 倒進雞頭米，再煮開，水冒小泡時就可以倒出雞頭米。

③ 淋上少許桂花蜜即可。

備註：

① 煮的時間必須控制在 1 分鐘左右，才能保持 Q 彈。

② 甜湯可以隨自己的喜好調整，如湯底可以用藕粉；也可以加其他的甜湯料，如枸杞、百合、桂圓、紅棗、蓮子等等。如果要加料，雞頭米要最後煮時才放，其他加料須提前先煮好。

蘇州水八仙 —下—

菱角、蓮藕、荸薺、茨菰

上篇介紹了蘇州水八仙的四種，接下來繼續介紹另外四種水八仙：菱角、蓮藕、荸薺及茨菰。

【菱角】

每次看到菱角，我就想起我父親，因為我從小愛吃菱角，每次到了有菱角的季節，父親都會買一大袋煮來吃；即便長大了沒住家裡，遇到了菱角的產季，每次回家他總會買好一大袋的菱角等著我回去吃。那是我父親愛我們的方式，「愛」他不會說，也不會擁抱，但是會準備家裡每個人愛吃的食物，只要打開冰箱，看到食物，就知道家裡是誰回來了。到上海定居後，每回一看到菱角，就和先生嚷著要買點回家吃，也是我想念父親了。

大陸水系多，很適合菱角的種植，

1 | 綠菱
2 | 紅菱

多年前的十月去朱家角水鄉，看到綠菱及紅菱，很驚訝！原來菱角除了黑色外，還有其他顏色。先生說這種綠菱是直接吃的，不需要煮，吃起來像水果般甜脆；再看紅菱，不由得就想起了〈採紅菱〉那首歌，原來還真有紅菱。

大陸的菱角形狀有四角、二角、無角，顏色有紅、綠、黑，還分早熟、晚熟品種；不管哪種，都是秋天才有，九月到十月初是最大的產季，十月中旬後就難見到鮮貨。在江南，除了老烏菱是直接煮熟吃之外（即臺灣常見的煮菱角），紅菱或綠菱可以生吃也可以做菜料理用，最常見的是「河塘小炒」這道菜，將水八仙中的菱角、雞頭米、茭白、蓮藕、荸薺五樣食材混合素炒，也有的是雞頭米炒菱角，或者是荸薺炒菱角。幾年前秋天，陪公婆去上海近郊的金澤古鎮，吃到用牛踏扁品種的毛豆炒菱角，好吃到再點一份，還想打包回市區。

但凡澱粉質高的食材，多半能做成粉，菱角也不例外，老菱的澱粉質最高，做成菱粉後可搭配糯米粉做點心，在《紅樓夢》中就提過「菱粉糕」，清代的《調鼎集》中介紹了揚州做法：「老菱肉曬乾，研末，和糯米粉三分，洋糖，印糕蒸，色極白潤。」蘇州的家常做法會再加上黏米粉（再來米粉）及菱角切小塊，混合一起，用油煎的方式做點心，吃起來有彈性又不黏口。除了菱角外，水八仙中的雞頭米、荸薺、蓮藕、茨菰也都可用糯米粉或黏米粉搭配，做蘇式家常點心。

在前文〈夏日糟味〉中曾提到任何食材都可糟，菱角也可以這麼做。不過這樣的做法在上海不常見，蘇州才會見到；在上海，市區賣嫩菱的菜攤不多，多為郊區或者水鄉地區才容

1 ｜金澤古鎮的毛豆炒菱角
2 ｜菱角塌餅
3 ｜糟菱角

鹹菜炒菱角（4 人份）

食材：菱角肉（嫩菱）半斤，鹹菜（雪裡蕻）約 100g

調料：植物油，鹽，澱粉，水

做法：

① 將菱角肉剝好，亦可以買市場上剝好的嫩菱。

② 鹹菜稍微清洗，切碎。

③ 少許澱粉調冷水，備用。

④ 熱鍋倒入冷油，將鹹菜炒一下，加少許水把鹹味煮出來（若是鹹菜不夠鹹，可加少許鹽）。

⑤ 菱角入鍋，翻炒後，將澱粉水倒入，勾薄芡拌勻，起鍋裝盤。

備註：

① 如果沒有嫩菱，可用老菱，口感會不同；且老菱煮的時間需要較長。

② 如果不喜歡鹹菜，可改用毛豆，毛豆須先汆燙後再炒。

易看到，如果我們要買嫩菱，都會向菜攤預訂。新鮮菱角不易保存多日，過去只在九、十月裡才能買到鮮貨，有帶殼也有剝好的。現在網路上有售湖北以農業技術方式改良、用水袋包裝保存的嫩菱角，即便不是產季，想吃就可以在網上直接買袋裝，一整年都可以食用；當然，和新鮮現剝的相較，在口味上還是有差別。

在料理上，上海人除了喜歡用毛豆炒菱角外，依舊仍是用鹹菜（雪裡蕻）來搭配，鹹菜炒菱角是一道很簡單的小菜，用新鮮的嫩菱自然是最好吃的。

【蓮藕】

臺灣人對蓮藕並不陌生，我對於藕的最初印象是很小的時候生病，隔壁鄰居的媽媽每天用新鮮的藕磨成泥，擠乾藕泥後，將藕汁拿到我家給我喝，說是可以減輕病的發作。後來長大後，又經常性地咳嗽，於是每年秋天，我總會燉個蓮藕排骨湯養養肺。

大陸許多地方都產藕，品種各不同，有句話說：「（農曆）六月荷花八月藕。」也就是說，從七月開始便是蓮藕盛產的季節。蓮藕全株各部位皆有所用，最主要可做料理的有：荷葉（葉子）、蓮子（果實）與藕（根莖），是蓮藕最常使用的三個部位。大陸除了江南一帶普遍種植外，此外最著名的蓮藕產地應屬湖北，湖北產的湖藕最適合燉湯，無論走到哪家餐廳都能看到「蓮藕排骨湯」這道菜。湖北還有特產「泡藕帶」泡菜；據聞元末明初時就已有泡藕，當時辣椒尚未進入中國，所以應該不辣，如今口味上變成了更多酸辣味。這種泡藕善加利用了蓮藕的各部位：「藕帶」是蓮藕的根狀莖，長大了就是蓮藕；還延伸到蓮藕部位最前端的「藕荷頭」，以及蓮藕節長出的水中葉「藕荷簪」。

藕帶、藕荷頭及藕荷簪在江南不太能見到，只有偶爾在賣蓮藕的鮮貨攤位上能見到鮮品；主要是鮮貨不太容易保存，和空氣接觸久了後，不處理就會發紫且口感不佳，因此大多數是醃漬保存。第一次吃到泡藕帶，是多年前去紹興遊玩時在一農家的餐桌上看到，因為好奇而點來吃，就是酸酸辣辣的清脆泡菜口感。後來才知道湖北是最大產區，於是每隔一段時間就會訂一些，放在家裡可隨時使用。可以單吃，可以炒菜，我們最常的做法就是炒蝦仁，酸酸辣

1｜泡藕帶
2｜藕荷頭
3｜藕荷簪
4｜新鮮藕帶與藕荷頭

藕荷頭炒蝦仁

辣的泡藕與新鮮飽滿的蝦仁成了一個口感對比。

去年六月底時，朋友給了一些「荷葉尖」，他說可以炒蛋吃，我好奇地看著這沒吃過的食材，後來查了才知道，還真的有很多人會食用荷葉尖。它其實長得就像藕荷簪，只是荷葉尖已經出水面呈綠色，是比較嫩的嫩荷葉，拿來

荷葉尖

炒雞蛋有股清香味。荷葉本身就是一味中藥材，具有消暑利溼、健脾的功效，北京人在夏天不可缺少的就是荷葉粥，做法不是把荷葉放粥裡熬，而是粥熬好後，倒入放新鮮荷葉的鍋中燜兩小時，吃的時候配上一個糖油餅，就是老北京的夏日早餐。

荷葉也是江南經常會用到的食材，蘇州人在夏天時會做粉蒸肉，主要就是用荷葉包裹；在過去蘇州住家都有院子、有荷塘，隨手拿荷葉做料理也是極方便之事。張愛玲一九四三年在上海《紫羅蘭》雜誌發表的中篇小說《沉香屑·第一爐香》中曾說過：「如果湘粵一帶深目削頰的美人是糖醋排骨，上海女人就是粉蒸肉。」粉蒸肉是粉嫩又酥軟，香且不油膩，如果上海女人是這樣，那麼臺灣女人會是什麼？

粉蒸肉在大陸各地都有，只是調味上略不

在客人家做的荷葉南乳粉蒸肉

同，豬肉用的也是不同部位；在江南會用乾荷葉包裹著，有的是一份份包裹來蒸，有的則是一籠蒸。在我們家的料理中，「荷葉南乳粉蒸肉」算是很受歡迎的的一道菜，依舊是以夏季做為主，也有的客人一年四季都指定要吃；這道菜蒸的時間長，需要兩小時以上的小火慢蒸，必須把粉蒸肉蒸透了，油脂都滴到下面墊的荔浦芋頭上，有荷香味的夾心肉吃起來也不油膩。荷葉不僅僅可以用作料理，還能泡水喝，甚至煮湯時放一點下去，可以使湯頭增加荷香味。

夏日荷花凋萎，接著就是蓮子，新鮮的蓮子很嫩很甜，上海的街頭都能看到挑擔子的小販在賣，直接吃，蓮芯也不苦。鮮蓮子保存時間不長，曬乾較好保存。曬乾的蓮子有分紅蓮子及白蓮子，最大的不同是紅蓮子帶有種皮，白蓮子無種皮；除了基本功效相同外，紅蓮更重於補血養顏，白蓮則可補氣；口感上，白蓮子軟而糯，紅蓮不易煮爛。曬乾的蓮子最適合燉湯，特別是甜湯，燉煮前不需要泡，否則反而不易煮爛。除了煮甜湯外，蓮子也是非常好的燉湯輔料；夏末時，也是無花果及百合上市的季節，我喜歡用當季產的蓮子、無花果及百合來燉排骨（或瘦肉）湯，很適合夏末食用，

左為紅蓮子，右為白蓮子

是清爽去燥熱的湯品；到了霜降節氣後，等當年的墨魚乾上市時，則燉一個補血的「雙蓮墨魚乾排骨湯」，以蓮子、蓮藕、墨魚乾及排骨來燉湯，可以再加點胡蘿蔔及一片陳皮，對於經常熬夜的人有很好的補血作用。燉湯時，很多人都把藕中間的藕節切了丟掉，其實挺可惜的。藕節的藥用價值很高，所以在燉湯時可以把它洗淨一起放進湯裡燉，上桌前撈掉即可。

蓮藕還能做成加工品，最為人知的就是藕粉，只要是參加江南遊的觀光團，到了西湖旅遊必會被推薦藕粉；實際上藕粉在南方很多地方都有，做藕粉也不難，需要的是時間與陽光。家庭做法如下：將蓮藕洗淨去皮後切成小塊，放到料理機或豆漿機加少許水打成汁，倒入紗布然後過濾；過濾後的藕水放一晚，讓澱粉沉澱到底部，再把上面的水倒掉，只剩澱粉；用不鏽鋼或竹片刮成薄片，放到盤中完全曬乾即是藕粉。藕粉剛曬好時有生腥味，最好是放幾個月再使用，存放超過一年後，沖泡出來的顏色會逐漸變深偏紅，這也是判斷是否為真藕粉的一個指標；如果是其他澱粉，顏色不會改變。

用的時候需要先把藕粉弄碎一點。先加冷水調勻，再沖滾水快速攪拌，拌好後想吃什麼料就放什麼料，淋上蜂蜜或糖，就是可口的點心。當腸胃不舒服，馬上泡一小碗藕粉，可以舒緩不適的症狀。淮揚地區還有一個點心「藕粉圓子」，據說是過去的宮廷點心，以江蘇鹽城最著名；做法有點像元宵，但是以藕粉代替糯米粉來做外皮，對於吃糯米容易胃脹氣的朋友來說，藕粉圓子既可滿足胃又能保護胃。

拌藕粉

1 | 七孔藕
2 | 九孔藕

到菜市場買藕時，大部分會看到七孔藕及九孔藕這兩種，顧名思義，區別就是孔的多寡以及品種的不同：七孔藕的花是粉紅色，外皮偏黃褐色較粗糙，通常被稱為紅花藕，身形較瘦小較長；而九孔藕的花是白色，外皮偏白色較光滑，被稱為白花藕，身形長也比較粗大。無論是七孔藕或九

煎藕餅

孔藕，在國曆七、八月剛上市時都較嫩、較清脆，適合做涼拌、生吃、炒菜；到了九月較老之後，含水量變少，澱粉含量轉高，比較糯了才適合燉湯、做藕粉及糖藕。江南最常用藕來炒菜，也會做藕夾、藕餅及燉湯。藕夾的做法是：把藕去皮後切成約半公分厚度的藕片，在兩個藕片中間放調味好的肉泥或者蝦泥，使其互相黏住，再裹上調好的麵糊後，放油鍋炸熟即可；在南方一些地區會在過年時用來招待客人，上海則沒有這種習俗。

去高郵遊玩時，在小餐廳吃到淮揚老師傅做的「韭菜炒藕絲」，非常好吃，這樣的搭配極為可口；回上海後自己試著做，反而沒有高郵的好吃，主要是高郵當地的小韭菜極嫩，兩種食材炒到味道合為一體又鮮美。受這個組合啟發，後來我們加上蝦肉及絞肉，把韭菜及藕

桂花糖藕（6 人份）

食材：藕節幾節，糯米一大碗

調料：冰糖，鹹桂花，紅糖（黑糖），牙籤

做法：

① 糯米提前泡水 5 小時以上。

② 將藕削皮，其中一端切開（選擇大的一段切）。

③ 如果經常做糖藕，可以用一竹筷或木筷，把前頭削得略尖，隨時備用。

④ 把糯米塞入藕中，邊塞邊用木筷壓緊實些，塞完後用牙籤固定住。

⑤ 將④放鍋中加水，冰糖及紅糖小火燉煮。

⑥ 燉煮約 3 小時左右嘗甜度，調整糖量，加入少許鹹桂花繼續煮。

⑦ 約煮 6 小時關火，浸泡在汁裡放涼，切片上桌，淋少許汁，撒上乾桂花。

備註：

① 一次煮幾節糖藕為佳，味道會更好，吃不完可以放冰箱或者冷凍保存。

② 若無鹹桂花，可以先放少許鹽，再放曬乾的桂花。放鹽是為了柔和甜味而不膩口。

都切末，混合一起做成煎藕餅，也特別好吃。

上海、蘇州、淮揚一帶，人們除了拿藕做菜外，最喜歡吃的就是糖藕，它是甜食，但在上海的餐桌上它是一道前菜，而不是飯後吃的點心。做糖藕的藕要選擇老藕，太嫩不適合久煮；也不要買身形瘦小的，煮後會縮。有時候買回的藕切開發現不適合做糖藕，特別像湖北藕的孔不大且不圓，或者孔彎曲，都不好塞入糯米，這時候我會把藕切絲泡水，去掉一些澱粉質，同時也防止藕發黑，善用桂花加藕的絕佳搭配，用上自己做的桂花醋炒成糖醋藕；若沒有桂花醋，用白醋再加桂花亦可，這道菜可以當前菜，冷了吃更好。

桂花糖醋藕

【荸薺】

荸薺在大陸南方多見，臺灣也是，上海的產季多為秋末十月下旬、十一月初起，記得小時候會直接生吃，長大後才知道荸薺容易染薑片蟲，最好不要生吃，燙一、兩分鐘再吃會比較安全。

荸薺因其外形，在南方稱為「馬蹄」，上海人則習慣叫「地栗」、「地下雪梨」，因荸薺肉如雪白色，口感清脆。蘇州品種的荸薺吃起來完全沒有任何渣感，除了蒸熟吃之外，通常用來作為配料炒菜。以往蘇州人在除夕夜那天，會在米裡埋一些未剝皮的荸薺一起煮，吃年夜飯時看誰吃到荸薺，就是挖到元寶，有吉利發財的意思。不過上海人似乎沒有這個習俗，只有在拜灶神時會用作供品，因為上海話中「地栗」與「甜來」的發音很像，希望灶神爺能幫自己家說些好話。不過，上海人並不像廣東人那樣把荸薺運用得很廣泛，廣東人會把荸薺做成各種馬蹄糖水、馬蹄糕，或煮羊肉湯等等。我自己則喜歡用馬蹄粉煮「馬蹄紅糖蛋花湯」，因為經常晚睡，容易上肝火，馬蹄粉有降肝火的功效，下午來一碗是很不錯的點心（也可以用藕粉來做）；若再加入切碎的荸薺，就是廣東人說的「馬蹄爽」。

把荸薺切碎與肉末拌了做肉丸，是上海最常見的吃法，增加了清脆的口感，可解肉的油膩感。在我們家裡，因為公公的牙齒不太好，有時候做肉丸除了加荸薺，還會加一些捏碎的豆腐，這樣不僅軟糯，也能增加風味。同時還能做二吃：可以清蒸直接吃，吃不完的也可以做炸丸子或做湯。記得有一次做給臺灣朋友吃，那天也有上海朋友來，當我把這「清蒸豆腐荸薺丸子」端上桌，臺灣朋友問：妳怎麼不裝飾一下？我笑著看他，說：「其實以前我也是這麼想，為何很多上海菜都不會放一些裝飾性的菜？我和先生一起做菜時，

1 | 清蒸豆腐荸薺丸子
2 | 豆腐荸薺丸子湯

蝦仁炒荸薺（6 人份）

食材： 蝦仁半斤，荸薺半斤

調料： 植物油，鹽，蛋白，白胡椒粉

做法：

① 蝦仁用少許鹽抓過，放半小時後用清水洗掉；再加少少許鹽、少許蛋白及白胡椒粉拌勻，放冰箱 1 小時左右。

② 將荸薺去皮洗淨後切塊。

③ 鍋燒熱倒入冷油，把①漿好的蝦仁倒入，翻炒到八分熟。

④ 把荸薺倒入③中，翻炒到蝦仁熟即可。

備註：

荸薺不要炒太久，否則不清脆。

我會說放點香菜或什麼的，先生總回我：妳放這菜的意義是什麼？可以增加菜的風味嗎？」聽完我這番說明，同桌的上海人馬上發言：我們上海人吃菜不需要那些多餘的裝飾，不吃的東西不需要在裡面。這讓我想起上海人說的「做人家」（意思是精打細算過日子）。

荸薺是做菜時最好的配菜，除了做丸子外，我們最常做的是蝦仁炒荸薺，用蝦仁的鮮裹住荸薺的甜，清清爽爽的一道菜，無論是用河蝦或者海蝦都可。

【茨菰】

茨菰又叫「慈菇」、「慈姑」、「白地栗」，還有個很好聽的別名叫「燕尾草」，這名字自然是從茨菰的葉形而來。真正長住上海後，我才知道有這蔬菜，雖然茨菰在很多地方都有，

自家樓頂種的茨菰

但品種略不同，臨近蘇州的茨菰是很好的品種，上海郊區亦有。茨菰是秋末冬日才開始採收，到隔年三月都還能吃到；去年我好玩地把一顆茨菰丟進樓頂的蓮花盆中，到了秋天逐漸長大，後來還採了幾顆小茨菰，太小的就繼續放在盆裡。因為沒有照顧，也沒施肥，莖葉長得不大，果實也小，我就直接在耶誕節那天烤雞時放入烤箱，當配菜烤了吃。

由於茨菰有著美麗的葉形及一株能生十二子的特性，有吉祥的寓意，在老北京的院子裡經常喜歡把茨菰和水草、蓮花或菖蒲於缸中合養，當作觀賞植物；在明代的畫作、青花瓷中也能看到，特別是茨菰與蓮花放在一起的作品。過去上海人在臘月二十四拜灶神時，除了放荸薺外還會放上茨菰，原因是茨菰的蘇州話發音與「是個」（點頭答應的意思）近似，藉此希望灶神爺能答應請求。

有一回廣東客人在我家中請客，那天是他兒子的滿月酒，我正好做了茨菰，他對我說：在廣東結婚回門時，娘家要準備蔥、蒜及茨菰給女兒帶回，寓意女兒能在夫家生個聰明能幹的兒子；且一定是要長了芽的茨菰，以形代表生男丁的意思，若是生了男孩，滿月酒時還要有一道茨菰的菜。

茨菰略帶苦味，有些上海人不喜歡吃，蘇州人則喜歡把它切片油炸當零食吃，在傳統的菜市場可以看到現炸的茨菰片攤，甚至采芝齋裡也有賣包裝好的，這茨菰片就是蘇州人的洋芋片。

高郵出生的作家汪曾祺曾經寫過一篇〈故鄉的食物〉，文中提及許多他的家鄉菜，其中有一小段寫的是冬日的「鹹菜茨菰湯」，說到小時候對茨菰沒有好感，一次淹大水，什麼作物都沒了，只有茨菰豐收，結果那一年茨菰吃得太多，一直覺得去不了口中的苦味；十九歲離家後，三、四十年沒再吃到，直到去沈從文老師家吃飯，炒了一盤茨菰肉片，沈老師夾起茨菰片說：「這個好，格比土豆高。」因為久違，汪老師對茨菰有了感情……文章最後兩句話寫著：「我很想喝一碗鹹菜茨菰湯，我很想念家鄉的雪。」去高郵旅遊時，的確發現許多餐館裡都有這道菜。我問先生：你們上海人那麼愛用鹹菜做料理，會用這茨菰來做湯嗎？先生說不會。但因為好奇，所以後來自己也做了這湯。這湯較為清淡，不怕微苦味的可嘗試。

若要說搭配，茨菰最適合的搭配食材是肉，拿來燒紅燒肉是最好的，在上海餐廳裡並不多見，但它是蘇州人的家常菜，如果不想燒紅燒肉，炒豬肉片或雞片亦可；如果怕苦味，可以焯水後再燒或炒。以肉搭配可以去掉一些苦味，並且增鮮。有一回因為客人吃素，我們用「素雞」來代替肉和茨菰一起燒，沒想到效果還真不錯，不愛吃肉的朋友，可以試試。

1 | 市售茨菰及茨菰片
2 | 鹹菜茨菰片湯
3 | 茨菰紅燒肉

素雞燒茨菰片（6 人份）

食材：小素雞半斤，茨菰半斤

調料：植物油，醬油，糖，冷水

做法：

① 將茨菰削皮，與素雞分別切片備用。

② 準備一盆冷水放在灶旁邊。

③ 倒多一點植物油入鍋燒熱，油溫大約 150 度，將切片的素雞油炸到外面起皮。

④ 炸好的素雞片馬上放冷水中泡，讓素雞熱脹冷縮、皮起皺後，撈出瀝乾水。

⑤ 把鍋中多餘的油倒出，留少許油，先炒茨菰片邊緣微焦。

⑥ 把④的素雞片倒入⑤，用中火翻炒，加醬油、少許糖及少許水燒開。

⑦ 入味後，收汁即可裝盤。

卷六 冬日旬味

將切片的羊肉放入碗底，且一定要選擇帶有羊油的肉片，再淋上熱粥，讓羊油融化在粥裡，熱呼呼地吃下去，瞬間胃都暖起來了！

青魚

青魚、草魚、鰱魚、鱅魚（即大頭鰱），是上海人餐桌上常見的四種較大的河魚，其中尤以青魚最受到上海人的喜愛，也是裡面最貴的。青魚和草魚非常像，若是不留意，真的很難分清楚，但仔細一看，還是有差別的：從顏色上來說，青魚的顏色比草魚要深，而草魚偏土綠色，貫穿整個魚身；從魚鱗形狀來說，青魚的魚鱗比較雜亂，不像草魚的魚鱗大小呈網狀分布、均勻整齊；從體型上來說，青魚體型偏大偏長，魚鰭也較草魚大，頭較尖小，而草魚的嘴巴都是圓弧形的；價格上，青魚也比草魚貴上許多。

青魚又稱烏青魚，因為喜歡潛伏河底吃螺螄，又叫「螺螄青」，是大陸特有的淡水魚，它有豐富的蛋白質、鈣及維生素等多種營養成分。

左為青魚，右為草魚

「青」在蘇州話中與「聚」諧音，意味團聚的意思，所以在過年時節，家家戶戶都必定備上一條青魚。過去蘇州人年前送禮也會送一整條活青魚，收到這麼大條的青魚，會拿去請魚攤殺好，再決定做什麼樣的料理；通常會切段用於紅燒，有的會做成糟魚、魚鮓食用，小條一點的也會以鹽醃風乾待來年使用。等到春天來臨，隨著時間逐漸暖和後，菜市場就很少見到有人賣青魚了。

清末時，上海地區便盛行食用青魚，當時的老正興菜館（創立於清同治元年，即一八六二年）會將青魚各種部位製作成各種菜餚，因為青魚大的一條約有十幾斤，甚至到二、三十斤重，餐廳會分部位料理，將青魚頭做湯，下巴紅燒，中段做青魚肚襠，尾部也做紅燒，魚內臟則做湯卷，或炒卷、炒禿肺。如今一般小家庭也無法一次吃完一條，所以在菜市場中，青魚是分部位、切段賣，不同部位做不同的料理。

【青魚頭】

粉皮魚頭湯是上海菜中最常見的做法，本文開頭介紹的四種魚都可以做成這道料理；青魚相對於大頭鰱是比較小的，但是較無腥味，若用其他魚頭有腥味，可以先撒些米酒及薑片醃漬一下去除腥氣。在上海的魚湯做法裡，一種是白湯方式，另一種則是紅湯方式，後者也是上海菜中少數有辣味的菜。

白湯的一種傳統做法是將魚頭煎過，並且把魚內臟中的魚肝、魚腸、魚卵、魚泡都清洗處理後，加上薑、蔥炒過，再放入魚頭湯一起煨煮，最後再加上粉皮及青蒜末，這樣的做法叫作「湯卷」。現在這樣的做法不是很常見了，因為有些人怕內臟有腥味，因此城市裡的餐廳所做的魚頭湯已經很少會放魚內臟，除非有特別要求；不過在郊區還是能夠看到。這道湯採紅湯方式做時，基礎調味是醬油或黃豆醬，最後還會放一些辣椒醬提香、提味。

而粉皮、蒜苗末及胡椒粉，則是粉皮魚頭湯的靈魂，尤其是用綠豆澱粉做的粉皮特別爽口，做湯時不能早放，否則粉皮煮爛了就不Q

粉皮魚頭湯（8 人份）

食材： 青魚頭一個，粉皮一斤，金華火腿，薑片 2 厚片，蔥段，蒜苗

調料： 米酒，豬油（植物油亦可）

[白湯調味] 鹽，胡椒粉

[紅湯調味] 醬油（或黃豆醬），胡椒粉，辣椒醬或辣油

做法：

① 將青魚頭洗淨後擦乾，從中間剁成 2 塊。若怕有腥味，可以先淋少許米酒醃一下。

② 熱鍋放豬油，放薑片煸一下，然後將魚頭入油鍋兩面煎透。

③ 等魚表面微黃便加滾水、幾片金華火腿，大火燒 10 分鐘左右，湯色便會轉白，再轉小火煮 40 分鐘左右。

④ 魚湯底煮得差不多後，再進行調味。若是白湯，則放鹽及胡椒粉；若是紅湯，則放少許醬油（或黃豆醬）、胡椒粉、少許辣椒醬或辣油調味。

⑤ 把粉皮放冷水中，便於將粉皮一張張分開；切長寬條或小塊後再放冷水中，瀝乾水分後放入湯中，最後撒蒜苗末即可。

備註：

① 不喜歡吃辣的，可以不放辣椒醬或辣油。

② 如果不喜歡粉皮，也可以改放豆腐，豆腐則需要早放入湯中煮透為佳。

彈了。記得有一回影后周迅預訂吃飯，她問可不可以先點一道菜，結果就是粉皮魚頭湯，來時問她為什麼喜歡這個湯？她說，就是喜歡吃魚湯裡的粉皮。其實不只是她，只要這道湯一上桌，大家都是先舀湯吃粉皮。

【中段・肚襠】

魚中段「肚襠」是魚攤上銷售最快的青魚部位，可以簡單清蒸，特別是夏天，先用少許鹽醃一下，再用荷葉包裹著清蒸，蒸過的青魚會帶有荷葉的清香味。除了清蒸、紅燒外，中段最適合做的是燻魚、川糟、煎糟魚（見前文〈夏日糟貨〉介紹）及魚麵筋。其中燻魚是上海人最常吃的一道料理。

燻魚製法在明代《宋氏養生部》中有所記載：「治魚為大軒，微醃，焚礱穀糠，燻熟燥。治魚微醃，油煎之，日暴之，始煙燻之。」然而，儘管上海燻魚被認為是燻製的，早期也的確是如此，但因為費時，現在已經很少店家或家庭如此做；如今的燻魚，實際上的做法是以「爆魚」為主。「爆」這個字在蘇州認為有「發」的寓意。爆魚的做法始見於清代的《清稗類鈔》：「爆魚者，青魚或鯉魚切塊洗淨，以好醬油及酒浸半日，置沸油中炙之，以皮黃肉鬆為度，過遲則老且焦，過速則不透味。起鍋，略撒椒末、甘草屑於上，置碗中使冷，則魚燥而味佳。亦有以旁皮魚為之者，則整而非碎，鬆脆香鮮，骨肉混合，亦甚美。」文中提到的「旁皮魚」就是江南常見的小魚，炸過後撒椒鹽來食用；春天有「鳳尾魚」時，亦可用這種做法來做。現在也有一些餐廳會用塘鱧魚或是小的白鯧魚來做燻魚，這樣成本更高些。

在過去物資缺乏的年代，燻魚多數是在年節時才能吃到，特別是年夜飯，不僅可以獨立做一道涼菜，還是年夜飯的「全家福湯」中會放的配料之一。如今隨時可以品嘗到做好的燻魚，不想自己做，熟食攤也都有賣，甚至是現切魚現炸的攤位或小店，在市區都能看到。燻魚除了做涼菜外，通常還會搭配麵食，在上海麵館中經常看得到「爆魚麵」，也有像「德興館」的「二鮮麵」，就是燻魚加上燜肉的吃法。如果只想當一道菜食用，單點一個爆魚吃吃亦可。

如今江南各地燻魚做法略有不同，不過仍是以先醃後炸、或炸後浸汁這兩種方式為主，上海做法通常是先醃後炸，蘇州做法則是先炸後浸醬汁。做燻魚確實是青魚最佳，青魚肉緊實，沒有土腥味；而草魚有腥味，最好先用酒殺腥。有一年冬天回臺灣，正好遇到烏魚大量

爆魚麵

爊魚（蘇州做法）

食材：青魚中段（或草魚、臺灣的烏魚），薑片
調料：植物油，醬油，老抽，黃酒，香料包（八角、桂皮、香葉及白豆蔻），糖
做法：

① 將青魚洗淨，切塊（帶皮帶骨為佳）後風乾片刻，可以避免炸的時候噴油。
② 準備一鍋子煮醬汁：鍋裡放少許水、醬油、老抽、黃酒、薑片、香料包及糖，小火煮開，須把香料味煮出來。
③ 鍋中放油，待油溫差不多到 180 度左右，放入青魚塊，炸到金黃色、酥脆狀後取出，放入②醬汁鍋中，浸泡幾分鐘便取出。
④ 放涼後裝盤，可以再淋一些醬汁；沒吃完的爊魚可以泡在醬汁裡放冰箱。

備註：

① 剛做出來的爊魚較酥脆，熱吃的爊魚是最美味的；浸汁一晚後的爊魚則味道更足，很適合配麵或放湯裡食用。
② 如果純粹是為了配麵食，爊魚可以切大塊一點；當作涼菜時則可以小塊些。
③ 一次也可以做多一點，用保鮮袋裝好冷凍，吃時再熱一下。

上市，拿掉烏魚子的烏魚價格實惠，於是我們用烏魚切塊來做燻魚，效果也不錯。

【魚尾・划水】

「划水」是魚尾的一種俗稱，也稱「甩水」，由於這塊部位經常運動，所以肉質也比較嫩滑，蘇州人又稱為「活絡肉」。

紅燒是划水的最佳做法，上海的家庭主婦知道划水是最便宜的，只要做紅燒魚的話，買青魚尾也最划算。上海人在做這道菜時，會把魚尾部位從側面剖開成兩片，然後在魚皮面上直切三刀，但不切到底，讓魚尾呈扇形狀。把魚尾切成扇面狀紅燒，一方面好看，另一方面也快入味。

如果想要嘗嘗不同滋味的紅燒划水，可以像〈夏日糟貨〉中提到的糟魚片做法，把魚尾糟過後洗淨，再做紅燒，這樣子會帶有一些糟味，也是很好的做法。

【內臟・禿肺】

青魚禿肺是上海老正興菜館獨創的冬令菜，原先上海並沒有這道菜，據聞是民國初年，因上海楊慶和銀樓的小老闆楊寶寶特別喜歡吃青魚料理，而對老正興的廚師提出要求：青魚肉鮮嫩好吃，而青魚肝除了能製成補品藥物，不知是否還能烹製成菜餚？之後，廚師便用魚肝做出青魚禿肺這道菜，後來聞名上海，成了三〇年代老正興的名菜之一。

之所以叫青魚禿肺，是因為上海人稱魚肝為「魚肺」，而「禿」在上海蘇州方言中有「獨有」、「全部」的意思，也就是說，這道菜全部只用魚肝燴炒而成。青魚禿肺這道菜在上海

紅燒划水

食材：青魚尾，薑片，蔥段

調料：豬油（可換成植物油），醬油，老抽，糖，醋，水

做法：

① 將划水洗淨，剖成扇形狀。

② 熱鍋放油，薑片略煎後放划水，兩面煎透。

③ 在②中先放黃酒燒一下，再放蔥段、醬油、老抽、糖、水，大火煮開後，小火收汁即可。

④ 起鍋前可淋少許的鍋邊醋，讓魚肉保持鮮嫩。

備註：

顛翻魚身時要非常注意，魚尾不能斷。

青魚禿肺（炒卷，6 人份）

食材： 青魚魚肝 500g，魚腸，薑，蔥，青蒜苗（段）

調料： 植物油，黃酒，醬油，糖，醋，麻油

做法：

① 將魚肝洗淨，切成大塊狀，魚腸切長段。

② 鍋燒熱，放油，下蔥段、薑絲，煸香後取出。

③ 先放魚腸炒一下，再放魚肝，不能用鍋鏟炒，而是顛翻幾次，讓魚肝受熱均勻。

④ 放黃酒、醬油、少許糖，旺火燒開後轉小火。此時鍋邊點少許醋，可以去腥，小火燒 6、7 分鐘。

⑤ 燒到湯呈濃稠（也可以勾薄芡），最後淋麻油，再鍋邊點醋一次，起鍋前放青蒜段拌一下即可。

現在還有幾家老餐館會做，如上海老飯店、老正興等，不過需要預訂，因為做一盤青魚禿肺，最少需要十到十五條青魚的魚肝。雖然它是魚內臟，但吃一盤的價格卻不低，做得好的也不多，最怕魚肝的腥味沒處理好。這道菜在過去是冬天時為多，一方面因為青魚自秋分到隔年的清明前是最好吃的；二來因為臨近臘月時，許多人會大量醃製魚乾或在過年前做燻魚，會餘下比較多的魚肝。冬季時餐廳因為每天大量使用青魚，也方便做，但對一般家庭來說還是比較難，我們會請魚攤在青魚賣得較多時，留下魚內臟給我們料理。像二〇二一年初遇上天氣晴朗又低溫，很多家庭曬青魚乾，所以我們也從魚攤取得了幾次的魚內臟。

這道菜裡有大量的魚肝油，口感嫩如豬腦，入嘴即化，味道極為鮮美。除了魚肝外，若還加入了魚腸（或還有魚卵）同炒，則叫「炒卷」。年初時我們做了這道菜給客人吃，巧遇客人的祖父是魚商，她提到他們家每逢過年時也會做這道菜，只不過不像餐廳炒得這麼完整，反而是把魚肝、魚腸和應季的小青菜炒在一起。我好奇地想知道這味道，於是自己做了一次，發現這種炒法會把魚肝整個炒糊掉，讓魚肝裹附在青菜上，雖不好看，但真的是極為下飯的菜。

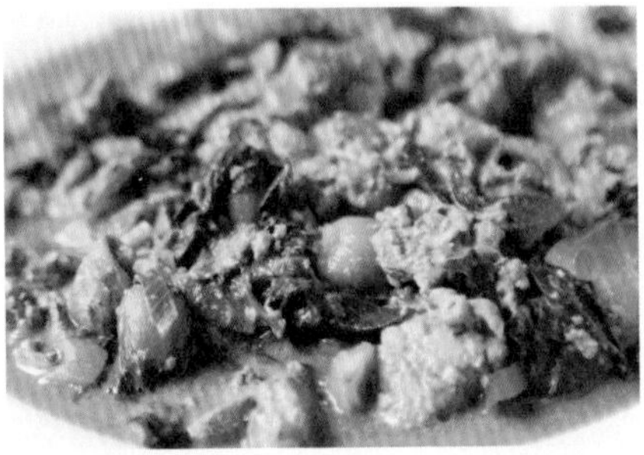

小青菜炒卷

做這道菜最麻煩的是處理魚肝及魚腸。由於青魚魚身大，內臟的魚油及肝腸都連接在一起，清理魚肝時須先

未料理前的 魚肝與魚腸

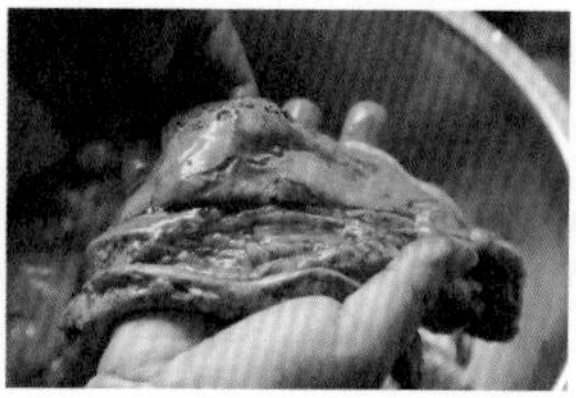
處理魚肝

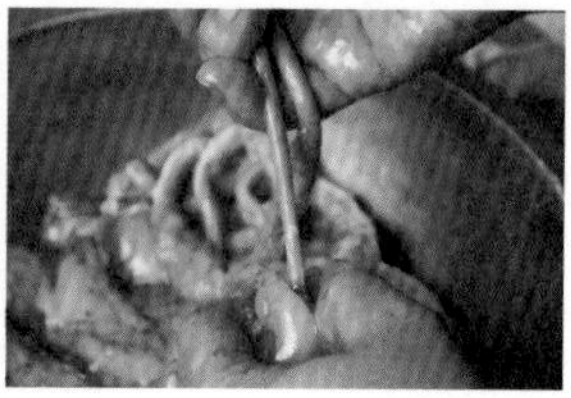
清理魚腸

剝離魚油，同時還要留意千萬不要把魚膽弄破，否則會有苦味；若不小心弄破了，就需要把沾到膽汁而成綠色的魚肝切掉。清理魚腸時，得先把魚腸內的髒物擠掉，用剪刀剪開以清水洗，接著放麵粉抓一抓清洗，最後再用白醋抓一抓洗淨。洗淨後的肝與腸分別瀝乾水分，烹飪時不能把魚肝炒碎，須保持塊狀，這是最重要的。

二〇二〇年初返臺時，和一位長輩約在民權東路的一家老上海菜館見面吃飯，我一看菜單，似乎已經沒有什麼道地的上海菜。就在我們聊天的過程中，餐廳的老闆自己用餐，我看到他從冰箱取出熗菜，我馬上問老闆：怎麼沒有在菜單裡看到這菜啊！他回我：做給客人打包走，有多的留給自己吃。於是我們和老闆聊了一會兒，才了解原來有許多上海老菜都不在菜單裡，而是需要預約，也包含了炒禿肺這道菜；因為沒吃過，不知道老闆用的魚內臟是什麼魚？希望下回返臺時有機會吃到。

【風乾青魚】

在過去沒有冰箱的時代，醃漬與曬乾一直是保留食物最好的方式，也因此有了各種醃及曬的做法，讓食物呈現出與新鮮時完全不同的風味，而這特殊的風味被一代代保留、傳承下來。過去上海人為了儲存魚貨，冬天會將青魚鹽醃，壓緊風乾，以利於保存。

在我們家裡有一道上海老菜「酒釀蒸青魚乾」，是先將鹽醃風乾的青魚乾切塊後，用新鮮的酒釀及少許的薑絲放罐中醃製二週左右；經過二週的醃製後，食用前取一塊醃青魚，上面放一些醃過的酒釀及湯汁，視鹹度再決定是否要撒一些白糖來中和鹹度，清蒸幾分鐘後取出放涼。當作前菜，弄碎了吃，鹹甜口味很是下飯；一些愛喝酒的朋

1｜曬青魚乾
2｜酒釀醃青魚乾
3｜酒釀蒸青魚

友，還會指定要這道小菜搭配他們的酒。如果靜置一夜，則會呈魚凍狀，配熱粥吃也很爽口。

每一次客人來吃飯，若我做了這道前菜，總有不同的回應，五十歲以上的上海人來吃，會說這是小時候吃的菜；年輕的上海人則完全不知道。還有一次遇到一位年輕的臺灣客人（祖籍是上海），她一吃就落淚，說：小時候奶奶做過，這就是奶奶做的味道。

用酒釀來醃鹹青魚，是利用酒釀的甜，拔出青魚乾的鹹味，讓酒釀的甜與酒香味滲透到魚身中。在早期沒有冰箱的時代，只有冬天才會做，因為醃曬青魚也是冬天才做。如今醃漬青魚乾能在醃臘店買到，便可隨時做，放到冰箱也能保存很久。醃過後的酒釀帶有鹹味，我們會用來做酒釀蝦，不需再有任何調味，做法是鍋中放油，用切碎的洋蔥煸炒後，放入大蝦（海蝦亦可），再放帶有鹹魚香味的酒釀，一起煮到蝦熟收汁即可；當然，也可以用新鮮的酒釀來炒，不過需要再調味。

酒釀蝦

白切羊肉

羊肉較好消化，從古代起就是很普及的食材。在臺灣，多做羊肉爐料理，放許多辛香料及藥材來壓山羊的騷味，也有少數以蔬菜羊肉鍋的方式來呈現臺灣山羊肉的新鮮。而大陸的羊肉料理則通常是以極少的調味來體現羊肉的鮮香，如北方、西北方多是白煮的手抓羊肉，或是以火鍋、烤肉的方式，沾鹽或沾辣椒粉食用，一年四季都是吃羊肉。

至於在江南，吃羊肉略有季節之分，上海一些地區主要是在夏季的三伏天吃羊肉，大部分人則習慣以冬天食用為主，其中「白切羊肉」是我到了上海生活後才開始接觸的羊肉料理。白切羊肉是江南羊肉料理的一大特色，多數地區是用山羊來做，少數地區用的是綿羊品種。在上海地區主要有兩種形式：夏日的白切伏羊，與冬日的蘇式白切羊肉。

其中「伏天吃伏羊」在江蘇地區的歷史，傳說最早可追溯到堯舜時期。上海郊區有幾個縣在過去屬於江蘇省，同樣也有吃伏羊的傳統，如在上海浦東的周浦、奉賢的莊行及松江的張澤等地都有伏羊節。這些區域在過去都是宰殺當地自己養的羊，如今土地不多，無法養羊，於是都用浙江或其他地區的山羊來烹煮；且並非只在夏天吃羊肉，但夏天確為食用羊肉的旺季。除了以羊肉湯為主，當然還有各部位的白切羊肉及內臟。

不管周浦、莊行還是張澤，共同的特色是

吃羊肉必搭配喝燒酒。而且周浦做羊肉生意的店鋪都是凌晨就開，最早的一家店是三點半就開始營業，其他的也四、五點開門，這樣的飲食文化在上海市中心看不到。喝早酒這種飲食文化在中國許多地方都有，喝酒必須配菜，其他地方是現炒菜，上海周遭則以羊肉為主，無任何其他炒菜，飲酒到最後，則喝碗羊湯或吃一碗麵。據說在早期是因為清晨起來務農，為了暖和身體及解乏而飲酒；羊肉館同時也備茶，不喝酒的可以喝茶。這種習俗現在普遍存在於當地的老人之中，且幾乎全是男性，特別是那些爺叔（上海話，長輩的意思）喜歡去吃羊頭，等吃飽喝足再去打麻將（「羊頭」的上海話諧音有手氣很好、會贏錢的意思）。

因為好奇，趕在三伏天旺季前的幾天，我們專程訂了車，清晨三點半出門，到離家十六公里遠的周浦去嘗嘗看。到周浦四點多時，已經有一批人吃完第一輪，我們走進切肉間點菜，之所以早去，就是因為可以選擇自己想吃的部位，賣完則無。看老闆娘手中正切著的白切山羊肉，第一個感覺是煮得比較爛，我們選擇了一個拼盤，外加一大碗的羊雜湯及拌麵，我也點了人生第一次吃的羊眼。我看老闆娘把羊肉放在道林紙上，好奇地問：聽長輩說早期都是放在荷葉上？老闆娘回我：那是好早以前的事了，現在都不用荷葉了。店裡放著各種酒，我看到一種完全沒見過的「神仙酒」，先生說這是上海本地產的醬香白酒，產量很少，也沒什麼推廣，只有老一輩的人比較知道。因為好奇，所以點了杯來喝。這裡的羊肉調味比後文介紹的其他白切羊肉還要淡，僅用少許的鹽，幾乎是吃原味，因此桌上放有蒜苗末、蔥末、醬油、辣椒醬等，讓客人自行搭配；可能我們點了酒，所以老闆還送了毛豆及花生。

在去之前，先生原先有些抗拒，首先是蘇州人夏日不習慣吃羊肉，再來是他怕山羊肉騷味重；等到一嘗之後，完全改觀。這白切山羊肉當地人稱「爛糊羊肉」，「爛糊」是一種白燒形式，就是不放醬油的做法，上海人常用，像爛糊白菜、爛糊麵都是。燒得比較軟爛是基本，但每種爛糊菜的定義又有點不同，像爛糊羊肉，主要是針對當地人喝早酒的飲食習慣，因老年人的牙口不好，煮得軟爛也方便入口，而變成爛糊羊肉。對於現在喜歡吃調味重的年

1｜凌晨的周浦羊肉店
2｜在戶外桌吃羊肉喝燒酒

輕人來說，不一定會喜歡，所以爛糊羊肉一直也不大走得進市區。要不是因為網路傳播的盛行，多數市區的人可能也不一定知道有這樣的傳統。

對我來說，這爛糊羊肉還滿好吃的，尤其配上白酒，羊眼也很好吃，如果不是因為太遠，我很願意買回家吃。離開前，正好遇到送山羊來，好奇跟著去廚房看。這家店是以木桶當鍋，柴火大灶來煮，店家說早上會先處理送來的已殺好的羊，中午開始起火燒，燒開後，燜燒十個小時才會酥爛。回程時遇到的司機是當地人，我問：你們這裡的羊肉好像不太有紅燒？他回答：好羊肉就是要吃原汁原味的，只是現在羊肉太貴，想天天喝早酒，只能點上二十元的羊肉及一碗羊湯慢慢吃，消磨早上的時光。

如果說爛糊羊肉是適合老人的口感，那麼另一種上海市區較常見的白切羊肉，會更適合大多數人的口味。

白切羊肉在市區菜市場裡的熟食攤位上可見到，七寶古鎮及真如都有，可以根據每個人的不同喜好及習慣來採買。上海的白切羊肉店中，比較出名的是「真如百年老店」，位於真如寺（元代時期建造的廟宇）旁，菜色以羊肉為主，一年四季都供應白切羊肉，此外還有紅燒羊肉麵及各種現炒的羊肉料理。這家的白切羊肉也是以山羊肉來烹調，煮的過程中加了香料，但香料味不會重，我則喜歡這家的紅燒羊肉麵，吃完了還可以去真如寺逛逛。

同樣是白切羊肉，江南各地也有各自的做

紅燒羊肉麵

真如的白切羊肉

法。另一家有名的蘇州「藏書羊肉店」歷史更悠久，至今約有四百多年，也用山羊肉，傳統以紅燒和白煮為主，主要是白煮羊肉湯：先將一隻羊身切成四到六大塊，旺火燒開，然後撇去浮沫「出水」（放在清水中清洗），再清除鍋底的沉渣（當地稱為「割腳」），然後將羊肉重新入鍋，再放在原湯內（鍋是百年木桶，據說用木桶來燒羊肉最美味），旺火蒸煮三小時以上，煮時最下面放羊肉，中間是羊肚，最上面則是羊肝。燒開後，先將羊肝撈出，浸泡在淡鹽水中，可保持羊肝不變色變味。煮的過程中，火候須調整得當，待肉爛湯濃後即出鍋拆骨，裝至方形或圓形的盆內。最後將羊肉及湯裝碗，或是切羊肉盤，吃時配上個人喜好的蔥、蒜、鹽、醋、辣醬等佐料。

藏書羊肉的做法和周浦類似，一樣是用木桶煮羊，烹調時同樣只放鹽，不多加料。現在，藏書羊肉店擴大經營，在上海、蘇州、昆山等地都有許多分店，有直營、有加盟，各店好壞則要自己品嘗才知道。因蘇州傳統上是夏日不吃羊肉，所以多數的直營店在夏天會休息，有少數的店仍開。

另有一種特別的白切羊肉，是在蘇州東山。鄰太湖的蘇州東山是個富足安靜的小鎮，物產很豐富，因為夫家祖籍就在東山，因此我們對東山不陌生，每年都會去蘇州好幾回，也都是為了蘇州的好食材：太湖湖鮮、明前碧螺春、蒓菜、白玉枇杷、楊梅、板栗、銀杏、枇杷蜜、冬季蔬菜以及白切羊肉等等，有許多好食材誘惑著我。其中蘇州東山的白切羊肉是冬日必吃的，它是以綿羊品種來做，這和江南其他地方的白切羊肉不太一樣。在宋朝前，當地並無食用羊肉的習慣，是因為宋朝的南遷，才將北方的羊帶到太湖邊飼養，而後當地人就稱之為「湖羊」，直到如今，蘇州東山有一個村落依舊是以養湖羊來做白切羊肉為主。

東山的白切羊肉同樣也是依循世代傳承下來的傳統方式烹煮，最著名的是「矮馬桶白切羊肉攤」。「矮馬桶」是姚福根老人的外號，他已逾九十歲，據說是東山最會做羊肉的老人，家傳的白切羊肉已經有百年歷史。我們每年都會去東山採買，二〇一三年去買羊肉時，在聊天中這位長輩邀請我們去他家吃午餐，他的親

左邊為姚福根老人，2013 年冬季拍於蘇州東山

家還說，老人家很少主動讓陌生人去他家。於是我們約了時間去他家拜訪參觀，由此了解了整個白切羊肉的烹煮過程。往返他家的搭車途中，他知道我是臺灣人後，還親切地問我：妳嫁到上海習慣嗎？飲食上會不會差異很大？我看著他慈祥的面孔，當下想起了自己的父親。

東山白切羊肉特別好吃的原因是，只用東山當地散養的湖羊，在半夜兩點現殺洗淨後，整隻綿羊帶皮入鍋水煮；綿羊皮是可以賣錢的，所以這種燒法很耗本。一鍋可以放四隻全羊，用一重物壓在上面，據說那塊磚是從清朝開始就一直用於燒羊至今；夜裡兩點殺羊清洗，早上八點左右開始，先以柴火大火燒四小時，約在中午十二點後不再加柴火，讓餘火燜到下午五點左右，當中只加鹽，用量比周浦的多些，同樣沒有放任何辛香調料。起鍋後撈起，羊肉與羊骨已分離，剔除羊骨，羊肉仍很完整；取肉放到乾荷葉上一層層疊放，再放進上大下小的竹籮筐裡，一層一層地分放羊肉、羊雜等等納涼，待隔日清晨去市場販賣。

東山白切羊肉從不曾放在店面販賣，也不開店面，也不進蘇州城中心販賣，一直保持僅在蘇州東山農貿市場門口販賣，有好幾個攤，都是一樣的一條扁擔、兩只籮筐，羊肉上用斗笠覆蓋，以幾百年來不變的古樸方式銷售，並且僅在每年十月到

大灶柴燒

取羊肉

裝羊肉的籮筐

柳芽彎刀切肉

荷葉包羊肉

舀羊湯

隔年除夕夜前販售，羊肉吃起來毫無羶味。切肉也是獨此一家的柳芽彎刀，是東山少有的急家鐵匠鋪製作，以此刀切肉是為了避免把糯軟的羊肉弄散；而羊肉的包裝也是維持了幾百年不變的傳統，用乾荷葉包裹稻草紮緊（可避免油脂滲出），打開時，肉香、荷香、稻草香，清香味撲鼻而來。

與矮馬桶攤位熟悉的朋友不會去攤位買，而是去他家買。在他家了解煮羊肉的過程中，就看到幾個客人直接帶鍋來，那些客人對我說：來家裡買的好處是可以帶鍋湯回去，把羊肉湯帶回去加水稀釋鹹度後，就可以當作羊肉麵湯底或者火鍋湯底。這真是個好辦法！

白切羊肉要在家做比較麻煩，大多數人是去攤位上直接買回去。有的人迫不及待，便會拿著剛買到的白切羊肉去附近的麵館叫一碗陽春麵，切一塊白切羊肉放到熱熱的麵湯中，即成為一碗白切羊肉麵。我自己的另一種吃法就是像臺式刈包一樣，把切片羊肉夾入熱饅頭中，讓熱饅頭吸附羊油的香味，當作早餐也是非常可口。

每回東山白切羊肉於十月開始上市時，也正是大閘蟹上市時，這一熱一冷的食材，正好搭配。我喜歡吃完較寒涼的大閘蟹後，將切片的羊肉放入碗底，且一定要選擇帶有羊油的肉

白切羊肉夾饅頭

片，再淋上熱粥，讓羊油融化在粥裡，熱呼呼地吃下去，瞬間胃都暖起來了！我跟客人分享這吃法，客人饞到紛紛想嘗試，吃過的客人都讚不絕口；只可惜蘇州東山的確遠了些，想吃也無法一下子能夠得到。

儘管白切羊肉沒法自己做，但還是可以做一道「鮮」料理，那就是連乾隆皇帝都讚美的「魚羊雙鮮湯」，滿足魚羊為「鮮」的美食追求。

在上海，要買羊肉很方便，菜市場、超市、網購都有，有幾處是上海人喜歡採購牛羊肉的點，也是我比較喜歡去採買的地方：一是虹口區的牛羊肉批發市場，這是國營店。二是在浙江中路、廣東路口附近，有好幾家由新疆人經營的牛羊肉舖，都是以西北部的牛羊為主；不過最近浙江中路有拆遷，之後會搬到哪裡，還未成定數。三則是澳門路清真寺前的「新疆市集」，我喜歡看現貨買，可以挑選，如果是做湯，要帶骨頭的才好。

白切羊肉粥

魚羊雙鮮湯（6 人份）

食材：一條鯽魚（或魚頭亦可），羊肉幾大塊，火腿，薑幾片，青蒜

調料：油，鹽

做法：

① 將鯽魚洗淨擦乾，熱鍋中倒少許油，放薑片及鯽魚煎。

② 煮一鍋熱水，待鯽魚兩面煎透後，倒入滾水，開大火煮 10 分鐘，即成奶白色湯底。

③ 羊肉切塊汆燙後，用冷水洗淨。

④ 於②魚湯中放火腿，以小火繼續燉煮到魚骨都散，用濾網過濾魚骨及魚刺，只留下湯底。若要吃魚，則不用把鯽魚熬爛。

⑤ 將羊肉倒進④繼續燉煮，直到羊肉酥爛，以鹽調味，最後撒上青蒜末。

備註：

若沒吃完，用這湯直接下麵條，就是一碗極鮮的冬日魚羊鮮煨麵。

冬令時蔬

草頭、塔菜、銀絲芥菜

上海的冬季蔬菜頗為多樣化，由於溫度較臺灣低，且冷的時間略長，冬季的蔬菜經常會與春天的蔬菜重複。江南冬季最常見的小青菜最是好吃，也就是臺灣所說的青江菜；隨著氣溫逐漸降低，江南的小青菜有各種品種，如肉菜（湯匙菜）、矮腳青、小塘菜、上海青、香青菜等等。

除了小青菜之外，還有三樣上海人很愛的本地蔬菜：草頭、塔菜及銀絲芥菜，且這些綠色蔬菜並非臺灣能夠常見，因此冬令時蔬就以介紹這三樣為主，部分的冬季蔬菜在其他文章裡都曾提到。

【草頭】

第一次見到草頭是二〇〇六年五月底在上海短期工作時，當時住了約一個半月，某天去超市逛逛，看到一種很像酢漿草的蔬菜，便好奇地買回來；聽上海朋友說炒這個菜要放白酒，於是又買了一瓶白酒，回家炒了後，感覺簡直是在吃草，而且還老得不得了，之後就再也沒有自己買過。後來因工作關係到北京居住，當然也就沒再吃過，直到嫁到上海，才再次吃到這蔬菜。

草頭別名「金花菜」，特別是蘇州地區的人喜歡以此稱之，為苜蓿科，生長於長江流域以南地各省分，各地叫法不同，很多地方叫

草頭

「秧草」或「南苜蓿」，南京人稱「雞頭母」，鹽城農村則叫「黃花子」（因開花顏色是黃色）。它因為耐寒抗旱，抵抗蟲害能力強，整個生長過程都不需要施肥灑農藥。現在有大棚種植，基本上一年四季都能吃到，但是老嫩還是差異大，要好吃的自然是嚴冬及早春的草頭最好。

臨近上海的崇明島有一項特產叫「草頭鹽齏」，據說是雍正皇帝御批的貢品，其做法是在清明節前將新鮮的草頭洗淨晾乾，加鹽揉出水分；另在陶罐或玻璃罐中撒一些鹽，把揉過的草頭放入罐中不斷壓緊，壓緊後會出水，把水都倒掉後蓋緊，陰涼處放半個月即可。吃的時候可以適量拌些糖、蔥花，帶點酸酸甜甜口味的草頭鹽齏即完成，亦可按自己的口味放些辣椒末；這是基本做法。可當前菜食用，當地的農家還會用毛豆或白扁豆一起炒了吃，或者在煮湯時加入一點。如果不想自己做，在專門販賣崇明島菜的攤位或特產店都能買到已經加工好、袋裝的現成草頭鹽齏，這樣也比較方便。

草頭鹽齏

另一道在上海郊區可以吃到的「草頭塌餅」，則是拿新鮮的草頭用鹽醃漬一下切碎，加入糯米粉及少許水，和成團子，壓扁後用油

草頭餅

草頭乾

煎熟，必須用比較多的油煎；我則喜歡用草頭鹽齏加上麵粉、雞蛋及少許胡椒粉調成糊狀，中小火煎成金黃色的草頭餅，這樣就是一份簡單的冬日早餐。

另一種處理過的草頭乾，則是焯水後曬乾，比新鮮的更帶有獨特的味道。川沙一帶喜歡用草頭乾做菜飯，飯中除了草頭乾外，還可以加鹹肉或香腸。無論是鹽醃過的或曬乾的菜頭，都別有獨特的味道，比新鮮的草頭吃起來更有味。

草頭有大、小葉不同品種，不是大的就一

草頭乾菜飯

定老，所以買的時候很難確定是老是嫩。要訣是選擇冬天時吃最好，因為天一熱草頭很容易老，所以越冷時吃到的草頭越嫩。料理時，油的多寡及火候是關鍵，外面餐廳做炒草頭時通常都像油浸般放了很多油；自己炒時不需要放這麼多油，如果覺得麻煩，可以像臨近城市常熟的做法：先快速汆燙，然後瀝乾，淋上醬油、熟菜油（常熟人喜歡用菜籽油做菜），拌食而吃。臨近的太倉，也不同於上海喜歡用白酒來料理，而是用當地出產的糟油來炒草頭，這種炒法呈現了另一種香氣；唯獨須留意的是，使用糟油時要放點糖，由於草頭不能多煮，所以調料須事先調好，而且糟油本身有鹹度，放鹽時須留意量。

草頭也經常用來烘托葷菜，過去長江兩岸的城市，餐廳若清蒸刀魚或鰣魚，裝盤時會拿

草頭圈子（4 人份）

食材：草頭半斤，大腸頭（或大腸），薑片幾片，蒜頭幾顆，香料包（香葉、桂皮、八角）

調料：植物油，黃酒，高度白酒，鹽，醬油，芡粉，糖

做法：

① 去除豬大腸頭的腸內油脂，先用鹽及麵粉搓洗，洗淨後再放白醋搓洗，反覆去掉大腸頭的腥味。

② 鍋放冷水，將大腸頭入鍋，放薑片、蒜頭、黃酒，待水煮微開約 5~10 分鐘後即倒出，再用冷水洗淨大腸頭。

③ 鍋中放香料包、醬油、薑片，大腸頭以中大火煮開後，再以小火煮 40 分鐘左右關火。（如果前一天先煮好，放一晚會更入味；不想自己滷的話，也可以買現成的。）

④ 將買來的草頭浸泡、沖洗乾淨，濾乾水分。

⑤ 準備調料：少許醬油、芡粉、少少許糖（若醬油偏甜則不需放）調和。

⑥ 鍋內放油，油要多一點並且燒到九成熱度，大火下草頭快速翻炒，放入⑤翻炒讓調料均勻，待葉萎縮斷生（約八分熟）後關火，放少許白酒拌勻，裝盤。

⑦ 把切段的大腸頭熱過，再放到炒好的草頭上即可。

備註：

① 上海的豬肉攤位沒有賣豬大腸部位，需要先預訂，也不零賣，通常是 5 斤一買，所以可以一次滷多一點，帶汁裝袋放冰庫保存，隨時可以食用。

② 沒有草頭，也可以用豌豆苗代替。

草頭來墊在蒸魚下面；在蘇州淮揚一帶，人們則喜歡在紅燒河豚下放草頭。又如上海人喜歡吃的「草頭圈子」，圈子指的是豬大腸，一般都用大腸頭來做這道菜，也同樣是把切段的紅燒大腸頭放在草頭上，這樣的吃法正好可以起到解膩的效果。

紅燒河豚，以草頭襯底

【塔菜】

塔菜是上海及周遭地區特有的一種冬季蔬菜。塔菜是南方人的稱法，上海人又稱它為「塌棵菜」，因為這蔬菜形狀扁塌，還帶點苦味（上海話的「棵」與「苦」同音），是一種吃到嘴裡略苦而後甘的味道。我一位住在北京的上海朋友，一到冬天只要看到塔菜，就會馬上買一袋回家炒了吃，彷彿冬天沒吃到塔菜就沒過冬似的。因為大棚

塔菜

種植及便利物流，現在塔菜也有機會現身北方，北京人則依其外形稱它為「菊花菜」；不過，塔菜在北京還是少見的蔬菜。塔菜是天氣越冷越好吃，但為什麼北方以前沒有呢？主要還是在溫度高的夏天及溫度過低的冬天，塔菜都不生長，正是上海這樣的溫度最適合塔菜生長；但是如果遇到超級寒流，塔菜也會凍壞。

購買塔菜，最好是等打霜後再買，因為只要是冬天打霜後的蔬菜，都特別好吃。原因是霜打在葉片上，遭受低溫後，青菜內的澱粉會自行合成麥芽糖酶，逐漸轉變成葡萄醣，使青菜不僅不會凍壞，葉片還變得比較厚實，炒好後吃進嘴裡會有軟糯感；塔菜也有這樣的特性，由於它的氨基酸含量不低，因此帶有甜味。而葉邊有焦，也是挑選美味塔菜及部分冬蔬的標準之一，因為打霜後葉片會凍到產生焦邊，可由此確定塔菜是露天種植；同時還要選購葉柄比較短、呈扁平狀的塔菜，表示這是貼地生長的，品質比較好，而不要選擇葉子往上長、不貼地的。塔菜的葉柄短，塔菜葉也會比較肥厚，好味道都在這上面；如果買到了葉柄長的，又沒經霜打過，通常吃起來苦味會重些。

之前返臺時到南門市場購買蔬菜，曾在一攤位上看到有賣塔菜，與上海的塔菜不太相同，莖比較長，看來是往上長的；讓我想起一個負責農場的友人說過，他們農場位於蘇州昆山一帶，想種植塔菜，但不知道為什麼塔菜只要離開上海，它就往上長，而不是貼地長？我想這就是自然的造物神奇吧。就像我很喜歡吃蘇州東山的枇杷，想移植一株枇杷樹到上海種，但東山的親戚說，很多嫁出去的女兒也是這麼想，可是移植到他處的，就是種不出好滋味。

曾有朋友在網上問我，如何處理及清洗塔菜？要訣是：把塔菜底部翻過來朝上，用菜刀或剪刀沿著中間的根莖，繞圈切下或剪下，中間那塊根莖最後可以丟掉；然後把塔菜葉泡水，讓葉片上的泥沉澱下去。由於塔菜是貼地生長，若是遇上多日的冬雨，很容易沾上泥土，所以要多清洗幾次為佳。

上海人炒塔菜時的標準搭配一定是冬筍，因正值冬筍大量上市的時節；也可直接清炒，但就缺乏了筍的提鮮。上海人做菜最關鍵的就是要鹹、鮮、甜，有時候也會遇到客人問我：妳有沒有加糖？我說沒有，他們總認為上海菜就是甜，但其實只要蔬菜夠好就不需要，除非苦味重，才會加糖來去苦。冬天的各種炒蔬菜，就很能體現時令蔬菜的鮮甜味，不是靠糖來調味，也不要加蒜頭來炒，會壞了蔬菜的本味。塔菜也不適合汆燙吃，油炒是最適合。上海人還喜歡把塔菜冬筍再加上寧波年糕一起炒，是素炒年糕的最佳版本。

臨近春節時，也是塔菜最好吃的時節，上海人都習慣買塔菜過年，主要原因是為了討口彩，因為塌棵菜與「脫苦菜」諧音，人們都希望新的一年不再受苦，可以過上好日子。塔菜是季節性很強、並且以現炒為主的一種蔬菜，並不像其他蔬菜能夠再做其他處理的保存；因此如果冬天來到上海，別忘了點一盤塔菜炒冬筍吃吃。

【銀絲芥菜】

我第一次聽到先生問我要不要吃銀絲芥菜

塔菜炒冬筍（4 人份）

食材：塔菜一斤，冬筍一個

調料：植物油（豬油亦可），鹽，糖（可以不用），少許水

做法：

① 清洗塔菜，將冬筍切片。

② 熱鍋倒油，倒冬筍片煸炒到微黃，再放入塔菜一起炒。

③ 如果塔菜已完全瀝乾水分，這時候要加點水，蓋鍋蓋燜一下。

④ 加鹽調味，按食用者口味決定是否放少許糖，有些人不喜塔菜的苦味則加糖，翻炒後裝盤。

備註：

① 若無冬筍可以直接清炒，也可以將冬筍換成蘑菇。

② 如果家裡有寧波年糕，可以在上面步驟③加水前，先放入年糕，水要多一點；等年糕煮到略透明狀後，再進行步驟④的調味。

銀絲芥菜

時，完全沒有任何認知，也無法想像它的模樣。它不是臺灣冬季的那種大芥菜，也不是小芥菜，而是非常細瘦的芥菜品種。如果說塔菜食用時間很短，那麼銀絲芥菜更是一種短暫如煙花般的季節性蔬菜，它僅僅存在於過年前的一小段時間，之後就不再有，來年才能吃到。

銀絲芥菜在採收以後，常溫下只可存放一天，保存時間很短，因此只能低溫存放和銷售，這也是它只在冬季臘月最冷時才能見到的緣故。在上海人的家庭中，銀絲芥菜是屬於過年的菜，好比蘇州淮揚一帶過年時會做「十香菜」（用多種蔬菜切絲炒成的一盤菜）一樣。以往在過年前，上海人會將銀絲芥菜一次炒上很多，放入一個陶罐或缽斗中存放，以便於想吃的時候，就可取一些出來食用（上海的菜市場在以往的過年時，真正全部恢復營業是在十五元宵節後）。

二〇二一過年時，因為新冠疫情，許多在上海的臺灣人沒有返臺過年，我邀請了一些臺灣朋友來家中用餐，提前準備了這道菜。這道菜可以是前菜，也可以等前面的大魚大肉都吃過了，最後才上這道菜，非常適合解膩。年後，一位臺灣友人來用餐時問我，可不可以做過年時吃到的糖醋銀絲芥菜？我說：那道菜太時令了，現在已經買不到了，只能等來年的春節前才能吃到了。

糖醋銀絲芥菜（4 人份）

食材：銀絲芥菜一斤，冬筍一個

調料：糖，陳醋，植物油

做法：

① 銀絲芥菜洗淨控乾水分，切成段落；冬筍切條狀。

② 熱鍋中放少許油，倒入冬筍煸炒後，再放銀絲芥菜煸炒。

③ 放糖及陳醋調味（糖與醋要多），翻炒熟後取出。

④ 放入碗中，用保鮮膜將碗包起來燜著（也可以用玻璃保鮮盒裝），燜到芥菜葉由綠變黃，就可享用。

⑤ 放涼後可存放冰箱，想吃就取一些。

備註：

① 除了冬筍外，可以按自己的喜好加料一起炒，如胡蘿蔔、香菇、黑木耳等。

② 這道菜是放 1、2 天後吃最好，可以多炒一點放冰箱，過年時隨時可以吃。

魚鯗與臘味

冬至一到，就是開始做魚鯗及臘味的天寒季節，這時候吹的是乾燥的北風，有助於晾曬的食材充分脫水，不會潮溼而利於保存。

在這季節裡，經常可以看到許多人會醃製鹹肉、火腿、風鵝、風雞、魚鯗、醬油肉、醬鴨、香腸等等。其中，鹹肉與火腿是江南人經常用到的配料，不過以我們來說，自己做也做不了一年的分量，所以到專門店採購即可；而後幾樣通常是為了過年到春天食用，一般我們以做魚鯗、風鵝、醬油肉及香腸為主，紹興醬鴨則是看溫度適合才會做，如果冬天持續下雨太久，也會減量或者不做。

在冬天曬臘味，最須注意的是掌握曬好的程度，曬得太乾容易發油，不好吃；曬得溼，容易回潮，要是保存不當還會長蟲子，也不夠香。所以曬好的臘味放冰庫保存是最好的，可以長期保存，但存放也不要超過半年以上，容易產生油耗味。

如果不想自己做，在年前臘月時，菜市場或街邊的攤位經常有代為醃製及晾曬處理的服務，可以請他們代勞，那時候的臘味是

冬日魚鯗與臘味

最新鮮的貨；平日若是想料理，到南北貨的醃臘攤位也都有販賣各種產品。

【魚鯗】

一看到「鯗」這個字，很多人一下子讀不出來，其音為「享」，本意是「剖開曬乾的魚」，製鯗應是保存海鮮最直接、最古老的方式。製魚鯗的歷史可以追溯到二千五百多年前「吳王製鯗」的傳說，據說那時吳王使用的是黃魚，這「鯗」字的形成也與吳王寫下的「美下著魚」有關。

魚鯗的基本處理就是以鹽醃後晾曬，日本料理中的「一夜干」做法和魚鯗很類似，只是日本的一夜干以僅晾曬一夜為主，而上海製作及晾曬魚鯗則有多種不同的方式，一般來說：背開鹽漬後再經漂洗曬乾的稱「淡鯗」或「白鯗」，品質是最好的；鹽漬不經漂洗直接曬乾的稱「老鯗」；整條不背開鹽漬後曬乾的稱「瓜鯗」，品質較「淡鯗」差。烹飪的方式日本以烤或煎為主，江南則有蒸、炒、搭配燒肉等不同吃法。

在上海的醃臘店中經常能看到的是這幾種魚鯗：黃魚鯗、青魚乾、鰻鯗及鰳魚乾。黃魚鯗顧名思義，是用黃魚做的；青魚是黃魚鯗之外、上海最常看到的一種鯗，但是大部分上海人不太會把曬乾的青魚叫青魚鯗，還是叫青魚乾，前文〈青魚〉中也提過上海人的吃法。上

樓頂上鄰居曬的青魚乾

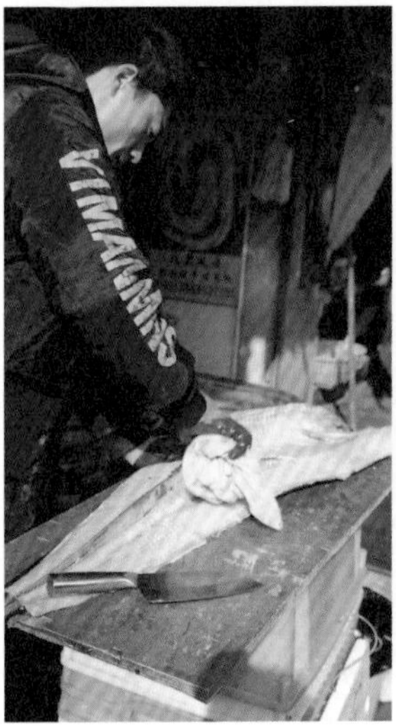

製作鰻鯗

冬日曬鰻鯗

市場上風乾好的小鰻鯗

述這兩種是最常見也最常食用的。此外，新風鰻鯗是浙江沿海地區傳統的特色，更偏向為過年的年節食品；每年臘冬正值捕撈海鰻的旺季，浙江沿海居民把在這段吹西北風的時節中晾製好的鰻魚乾，稱之為「新風」，故而得名。一般是用東海的海鰻來製作：將海鰻剖肚後，小心去掉內臟，不能清洗，把血水擦乾淨，用白酒及鹽塗抹後風乾幾日即可；但不可曝曬過多，須掛在避陽的通風處晾乾。也有一些寧波人喜歡用較小、細長的海鰻來做，主要是海鰻品種的不同，所以個頭也比較小。上海人一般喜歡較大的鰻鯗，風乾好的鰻鯗可以切段放冰庫保存，需要用時再取出，但還是不宜久存。

黃魚鯗及鰻鯗都是寧波人的飲食習慣，早期寧波人來上海經商，因此上海人的飲食中受寧波菜的影響很大，魚鯗料理也經常出現在上海人的家中。寧波人會用剛做好的鰻鯗來做一道前菜「手撕鰻鯗」：盤中放切塊的鰻鯗，上面放薑片及蔥段，淋上少許黃酒蒸熟，納涼後用手來剁開魚肉；若用切的，會斷了魚的纖維，所以都是用手撕，同時還可把鰻魚刺去掉，食用時沾陳醋吃。或者，可把手撕鰻鯗再加肉絲、韭黃絲、筍絲、香菇絲、白菜絲一起炒來吃，則稱為「炒鰻鯗絲」，這道老菜現在已經很少能在餐廳吃到，倒是家裡可以做，是極為下飯的一道菜，我特別喜歡吃。

公公是蘇州人，所以家裡飲食還有蘇州人的習慣，除了黃魚鯗、鰻鯗之外，蘇州人對於海魚中的鰳魚情有獨鍾。鰳魚也叫鯗魚、曹白魚，在春末夏初時會從遠洋游到近海產卵，從北邊的遼寧到南邊的廣東皆有，是中國漁業最早捕撈的魚種之一。江浙一帶喜歡食用，牠長得非常像長江鰣魚，鰣魚身形長，鰳魚則身扁。

炒鰻鯗絲

手撕鰻鯗

兩者皆為多刺的魚，連口感也極為相似：同樣是魚鱗下富含油脂，做料理時也都不去鱗，因為魚鱗含豐富魚香，不去鱗可以鎖住鮮味；魚肉極嫩，但不是像黃魚那種蒜瓣肉。有些餐廳還會偷偷地用鰳魚來假裝成較高價位的鰣魚販售。有一年返臺時，無意間在南門市場看到有新鮮鰳魚，買了一條大的回去（記住：鰳魚一定要買大條的，超過一斤以上的鰳魚才好吃），魚攤老闆說：妳一定是道地的江浙人，一般人都不知道這是什麼魚！不怕刺多的朋友，如果遇到真的可以嘗試看看。

1 | 鰣魚
2 | 鰳魚

新鮮的鰳魚清蒸的方式與平常蒸魚不同，江浙一些地方在傳統上是用生的鹹鴨蛋搭配來清蒸，特色是鹹鴨蛋可代替鹽來調味，同時還有蛋香味；蒸時唯一要注意的是蛋的鹹度，如果鹹度略高，鹹蛋白就少放一點，並且放上少許豬油、蔥、薑同蒸。這道菜一上桌，喜歡吃鴨蛋的江浙客人會立刻先挖鹹蛋黃吃；有些客人不愛有魚鱗，我們也接受去鱗來蒸。先生說小時候每次吃完魚，他的「好婆」（蘇州話中祖母的意思）就會把鰳魚骨頭用棉線串成一個小白鶴給他玩（鰳魚骨頭顏色比較白且不透明），大概是那時候的長輩都會做，現在已經看不到，我也只能靠想像。

鰳魚做成魚乾也很普遍，在臺灣能買到，就是「曹白魚乾」，醃製方式與平日的魚鯗有點不同，寧波人叫「三曝鰳魚」，也就是鹽醃三次，傳統做法為：一打撈上漁船來即塗第一次鹽，壓重物醃十天左右；待回港口上岸後第二次鹽醃，改放缸裡儲存一個月；之後再將魚翻缸加鹽醃第三次，這時候缸裡會帶滷汁，需再醃兩個月才完成。和其他魚鯗最大的不同在於，做好的魚乾偏鹹，並有一股發酵味，是由蛋白質轉化出來的臭香味。

最常見的料理方式是用於蒸肉餅或弄碎後炒飯。由於鰳魚乾鹹而刺多，切成小塊來蒸比較適合，一是不會過鹹，二是容易把刺挑出；且不同於蒸新鮮鰳魚時搭配鴨蛋，蒸鰳魚乾時

鹹鴨蛋蒸去鱗鰳魚

曹白魚（鰳魚）乾蒸肉末蛋

我喜歡同時搭配肉末及鮮雞蛋，兩者能淡化鹹味，同時讓肉末及蛋液吸收魚乾的鹹香。蒸出來時有股特殊的味道，有些人覺得有點像安徽的臭鱖魚，但又沒有那麼臭，特別下飯。據老一輩人說，吃完魚肉後常常連剩下的魚骨頭及蒸汁也捨不得丟棄，還會加上一點豬油、少許醋及蔥末，用熱水沖，當作湯來喝；我試驗了一回，更覺得適合拿來泡飯。

在蘇州還有一個特別的食品「蝦籽鯗魚」，其原料就是鰳魚乾。相傳以前蘇州上塘街是醃臘鹹魚店的集中區，有一家興隆鹹魚小店做不過那些大店，小店老闆王小毛經由親戚的指點後改變了方式，將挑好的鰳魚乾用薑、糖、伏油（即是經過三伏天曝曬過的醬油）熬製，在鯗魚上塗上河蝦籽，燒出來後鹹香可口；後來他的小店擠滿客人來買，很快就賣光了，名聲

蝦籽鯗魚

也越來越大。到王小毛去世後，店裡的師傅被觀前街的葉受和茶食店聘去，經過多次改良，蝦籽鯗魚變成在茶食糖果店供應販售，也成了蘇州獨特的傳統食品。

如今在蘇州的采芝齋及上海各地區專門賣采芝齋產品的店，都能買到。目前還有少數的蘇州餐廳有現做現吃的，需要預訂；一般家庭都是以買成品為主，蝦籽鯗魚已將魚骨頭煮到酥化，用來配粥、配酒很適合，對於怕魚刺多的朋友來說，這種吃法更適合。

除了上述常見的四種魚鯗之外，還有其他魚種也能製鯗。臨太湖的城市很喜歡食用太湖的白水魚，無論蘇州人、上海人都是；多年前大堂哥還在世時，每年冬天只要看到有野生的白水魚，就會做成白水魚鯗送給公婆當過年的禮物。他做的方式是以熟花椒鹽（即是以鹽炒過的花椒）塗抹魚身，塗抹量要多，讓魚鹹度高些；晾曬時最好是將近零度的冬天，晾曬時間最少需要三天。因為白水魚的魚身很長，晾曬好後可切段放冰庫保存，等到想吃時，就把魚略沖洗鹹度，魚塊上放蔥薑，倒少許黃酒蒸熟即可。醃製過的白水魚，肉質變得比較緊實，不需再調味，只需沾陳醋吃，吃起來就有「蟹肉」的質感，很奇妙，這是白水魚的特質。如果不想曬這麼多天，可以把晾曬時間縮短到半天，上海人叫「曝醃」；花椒鹽塗抹量也不用多，晾曬半天後，魚皮及肉質都會繃緊。料理前也不需清洗，直接整條魚清蒸，當天食用，這是江南一帶清蒸白水魚的慣用方法。

有一種魚鯗自己做比較麻煩，在市區也很難買到，就是「河豚乾」。河豚是洄游魚，每年春季三月時，河豚會從海裡洄游到淡水江河裡產卵，到十二月初再游回到深海過冬。因此在春天時，許多人會去臨近長江的城市吃新鮮的河豚料理，那時節的河豚是最肥美的。從宋朝開始，江南就有食用河豚的歷史，不過在平日上海的菜市場很難買到活河豚，更不用說是做河豚乾，因為在上海市區規定了河豚不可以隨意販售；雖然現在市區仍無法在店裡買到，網路上倒是能訂購。如今江南有很好的河豚養殖技術，運用河豚的飲食（吃小魚）及水域的鹹度來有效控制毒素的產生，目前以出口到日

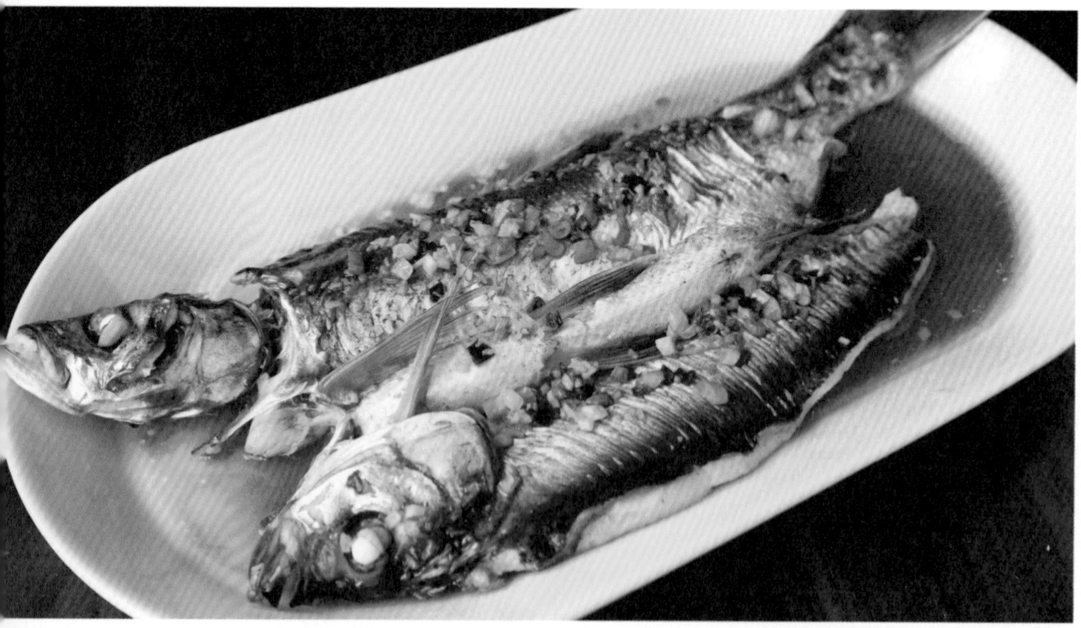

清蒸白水魚

本為主。多年前的四月下旬去啟東呂四港玩時，在港口附近無意間發現有賣河豚乾，於是買了一些回來燒紅燒肉，

河豚乾

鮮香的紅燒肉滋味讓很多人都喜歡。

好的魚鯗都可以整條清蒸，清蒸前需要視魚鯗的鹹度提前泡水去鹹後再蒸，與新鮮的蒸魚相比，不僅口感不同，滋味也不一樣。除了清蒸外，用魚鯗類食材來燒紅燒肉是最家常的上海菜色，餐廳裡也常見；無論是鰻鯗、黃魚鯗、河豚乾或其他魚鯗，都能激發出更鮮美的滋味，魚鯗會吸收肉香，而肉裡有海鮮的鮮味，成了有海味的紅燒肉，是上海人喜愛的一道料理。有些老寧波人還喜歡同時放兩種魚鯗燒紅

自家的河豚魚乾紅燒肉

魚鮝紅燒肉（約 6 人份）

食材： 五花肉一斤，魚鮝半條（鰻鮝或任何魚鮝皆可），蔥，薑片幾片

調料： 油，黃酒半斤，生抽 50ml（用一般醬油亦可），老抽 50ml（可不放），糖 50-75g（視個人喜好甜度增減）

做法：

① 五花肉切塊洗淨入冷鍋中，放黃酒，慢炒至肉香味出來。

② 倒老抽、生抽、水（沒過五花肉）入①中，慢火燒 1 小時後，關火燜半小時左右。

③ 將魚鮝泡水放軟後，切小塊。若魚鮝比較鹹，泡水的時間需要長一點。

④ 起另一個油鍋，放少許油、蔥段、薑片爆香後，再放魚鮝塊煸炒，至表面起硬皮即可。

⑤ 將④放入 ②中一起大火燒開後，小火燜燒 10 分鐘，讓鰻鮝入味到肉裡。

⑥ 放糖，大火收汁即可，裝盤後可撒一些蔥花。

備註：

① 魚鮝在臺灣南門及東門市場都能買到。

② 紅燒肉以有帶骨的為佳，依肉質來決定燒多久，若是臺灣黑毛豬需要長一點時間。

③ 放一晚後，把紅燒肉倒扣到盤中即成為鮝凍，最適合配熱粥。

④ 曹白魚乾較不適合做紅燒肉，小刺多。

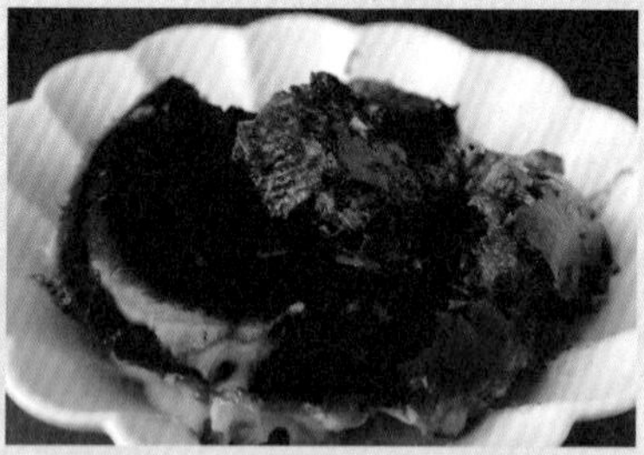

鮝凍

燒肉，叫雙羹燵肉。

【醬油肉】

臘味幾乎是大陸每個地方在臘月時都會做，且過年必吃的年菜之一。上海人不一定會自己做香腸，多數交給肉攤處理或訂製，但一定會做的就是醬油肉。醬油肉其實和臘肉很像，但又不同於湖南及四川一帶會將臘肉煙燻。

醬油肉的發展據說是從溫州開始，北宋時魚蝦因容易取得，是自然的低價貨，肉食才是上等食材。只有官宦人家才有多餘糧食餵豬養羊，而為了更好地保存肉食，才誕生了用鹽加工醃製的鹹肉，以及用醬油加工醃製的醬油肉。

做醬油肉最重要的就是，肉的選擇及醬油的好壞：肉必須帶油，全瘦不好吃，容易柴；要選擇五花肉，肥瘦相間，口感才會軟硬適中；醃製的醬油最好是黃豆釀造的，醇香味較濃郁（臺灣的醬油多數以黑豆釀造為主，少數品牌有黃豆釀造醬油）。

不像四川、湖南的臘肉因為經長時間煙燻而偏硬，料理前需再處理，曬好的醬油肉只需用熱水清洗一下即可料理。上海人喜歡的簡單吃法是蒸薄百頁：將醬油肉切薄片、平鋪在百頁絲上，淋少許的黃酒蒸，喜歡溼潤一點的還可以倒一些水或高湯，這樣百頁不會太乾。浙江人有一種很豐富的吃法，就是把各種臘味、醬油肉、香腸等切片，一層層疊放，每層臘味中間放上芋頭（或芋艿）片、土豆（即馬鈴薯）片或百頁絲，最上層再打一、二顆蛋一起蒸，讓每一層的切片食材都吸收到臘味的鹹鮮味。

醬油肉也可以做炒菜配料，炒蒜薹、炒蒜苗最適合，尤其祖籍的北方人都愛蒜薹，過年

醬油肉

食材：五花肉幾條（約 10 公分寬的長條），薑片
調料：醬油（或生抽），老抽，白酒，少許糖

做法：

① 將五花肉用白酒擦一下後，風乾一下午。
② 鍋中放醬油、老抽、薑片、少許糖，小火煮開後，關火放涼（不可開大火煮出泡沫，否則肉不易吃味及上色）。
③ 將五花肉放到大盆裡，把②煮好的醬汁倒進，用重物壓，須淹沒，醃製 3~5 天，每天須翻面。
④ 取出五花肉，日曬一週（留意氣溫及溼度，氣溫低時製作為佳，萬一溫度高或溼氣重，可以用少許白酒塗醬油肉，防黴）。
⑤ 做好的醬油肉可放冰庫保存。

備註：
① 炒過或蒸過的醬油肉，拿起來呈透明狀是最好吃的狀態。
② 如果不喜歡吃五花肉，改用肋排做亦可。
③ 如果喜歡放香料，也可以隨自己的喜好變動。

醬油肉蒸百頁

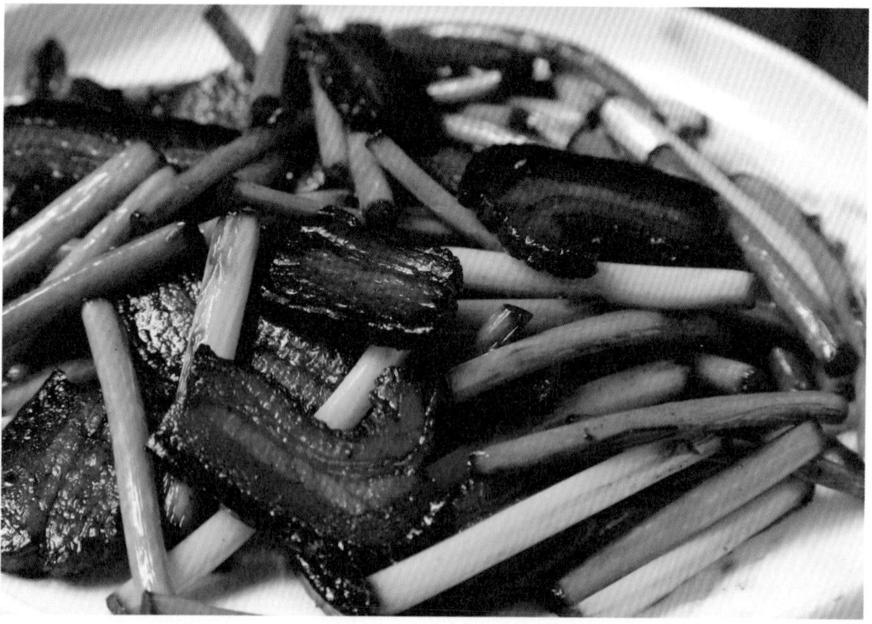

蒜薹炒醬油肉

時必吃這道菜；醬油肉也可以代替鹹肉來做菜飯或煲仔飯，和用鹹肉做的菜飯有著完全不同的滋味。

【風鵝】

淮揚地區很愛吃鵝肉，鹽水鵝經常是他們餐桌上必備的菜；到了冬天，揚州人也喜歡做風鵝，在過年時可用於各種料理方式。上海受到淮揚菜的影響，在冬日的街頭也能看得到一些人家做風鵝。

最簡單的風鵝做法是：洗淨鵝後，以炒過的花椒鹽醃製，用重物壓一週，讓花椒鹽滲透到鵝肉中；然後取出，鵝身塗白酒殺菌，再曬一週左右即可。還有另一種風鵝的做法是：先以花椒鹽將鵝身塗滿醃製一天左右；再放進白滷汁浸泡四、五天。白滷汁是指沒有醬油的香料滷水，是以桂皮、八角、草果、茴香、丁香等香料煮過的醬汁（可依個人喜好習慣放各種不同的香料）；取出後，再用竹籤撐開鵝身，掛起風乾，一般約十天左右即可。同樣的，亦可用雞、鴨來做，變成風雞及風鴨；唯一要注意的是在江南經常食用的麻鴨，肉質不夠厚，最好採用肉鴨或者番鴨來做。無論是風鵝、風雞或風鴨，都可不用整隻來做，只選擇用腿肉來

1 | 冬日店家代做的風鵝
2 | 浸滷汁做法的風鵝

做也是不錯的方式，可以快速消化掉做好的食材。

做好的風鵝放入冰箱儲存，日後可做出不同的料理，一般是涼拌或湯品，如果醃的不是很鹹，還可以清蒸，甚至可以加入不同臘味食材做多種口味的臘味飯。

在上海二〇二二年因新冠疫情而封控時，正好發了大白菜及金針菇，我把這兩樣蔬菜放在盤中，將風鵝切片，未蒸之前切出來的鵝肉片呈胭脂色，讓我想起了紅樓夢中的胭脂鵝，什麼調味都不需要，只需要淋上少許黃酒，放上蔥段及薑片，這道風鵝蒸大白菜就很好吃。

未蒸前的風鵝蒸白菜

風鵝二吃｜拌風鵝絲・風鵝排骨萵筍湯

食材： 風鵝 1/4 隻，香菜幾株，白芝麻少許，排骨半斤，白菜，萵筍一根，粉絲一把，薑片幾片，蔥

調料： 黃酒，醋，綿白糖，鹽

拌風鵝絲

做法：

① 先將風鵝用熱水清洗一下，切大塊放大碗中，風鵝上面放蔥段及一片薑，淋少許黃酒，隔水蒸 20~30 分鐘。

② 蒸過的風鵝放涼，等不燙時取多肉的部位一塊，先去皮，再將鵝肉手撕成細條狀，放入碗中。

③ 將香菜洗淨切段，放入②中。

④ 將白芝麻以小火烘烤出香味，倒入②。

⑤ 用①蒸過的風鵝湯汁少許，放少許醋、綿白糖調和，視風鵝鹹度決定是否加少許鹽，倒入②拌勻即完成。

風鵝排骨萵筍湯

做法：

① 將排骨汆燙去血水，放入鍋中，倒水，加入黃酒及薑片燉煮湯底。
② 把白菜洗淨切絲倒入上頁⑤煮，再加入原味風鵝湯汁，煮開。
③ 把蒸過的風鵝切塊，先嘗湯鹹度，再決定放多少塊風鵝，避免太鹹。
④ 萵筍削皮切塊，放入湯中，再放粉絲一把煮開即可關火。

備註：

① 拌風鵝絲可以按自己的喜好換成不同的蔬菜絲，如生菜；注意不要用水分過多的蔬菜，否則容易出水。
② 可以把風鵝萵筍湯當作湯底，再加上冬筍、蛋餃、大蝦、肉皮、肉丸等材料，做成上海人過年吃的「全家福湯」。
③ 湯底不要太少，以避免粉絲吸光了湯。

附錄　四季家宴菜單

以往去公婆家吃飯時，總覺得上海人家裡吃飯的豐富度和在餐廳沒有兩樣，有冷菜（前菜）、熱菜、湯、主食及餐後甜食。養成這種飲食習慣之後，就會覺得缺一不可。

當然如果人數少，自然也沒法吃太多，所以下面的菜單以家宴的形式為主，按本書前方寫過的菜色及食譜來安排四季菜單，雖然不是完全像我們在上海做餐時一樣，但足夠做一桌菜。菜色安排上是以我們在上海一桌六人用餐的標準：前菜六樣，熱菜六樣，熱湯及主食，還會另加一道甜湯。至於括號中的菜式則是可替代更換的菜色。

部分的菜品因不是季節性食材，一年四季皆可做，可以換著搭配。上海人用餐時，主食不一定吃，以吃菜為主，不夠飽才吃飯；但臺灣人的習慣是飯配菜，所以菜單中的主食以菜飯為主，也可以配白飯、餛飩或麵食，菜飯不是非得要的主食。

書裡寫的比較少的是甜食，這是屬於「白案」的部分；上海的很多甜食都以糯米為主，家常中最常用到的是湯圓，可以以買代替做。以後有機會再來介紹上海的點心。

春季——3月～5月

前菜

蒿筍拌海蜇 102
馬蘭頭拌香乾 078
香椿芽拌豆腐 076
糟豬腳（各種糟貨） 168
醬黃豆筍 086
香煎糟青魚 161

熱菜

水煮白米蝦 115
塘鱧魚燉蛋 133
魚鯗紅燒肉（馬蘭頭紅燒肉） 290
蒜薹炒醬油肉 292
枸杞頭炒春筍 082
蔥油蠶豆泥（蘆蒿炒臭豆乾……112） 105

熱湯

醃篤鮮（黃魚雪菜湯……152） 090

主食

蒿筍菜飯（薺菜春筍炒年糕……095） 024

夏季——6月～8月

前菜

四喜烤麩 062
香椿豆 074
糟如意 159
糟豬腳 168
酒釀蒸青魚 255

熱菜

南乳熗蝦 117
三蝦豆腐（油爆蝦） 122
南乳粉蒸肉 230
淮揚熗虎尾（鱔桶紅燒肉） 142
鹹肉蒸六月黃 175
油燜茭白（勾芡毛豆……200） 214
菊花菜蘑菇羹 098

熱湯

蒓菜蛤蜊湯 211

主食

菜飯（冷餛飩……044，冷麵……050） 026

秋季——9月~11月

冬季——12月~2月

上海日常旬味

小金處私廚的四季餐桌

作　　者　徐小萍、金弘建

社　　長　陳蕙慧
副 社 長　陳瀅如
總 編 輯　戴偉傑
主　　編　李佩璇
校對協助　李偉涵
行銷企劃　陳雅雯、余一霞、林芳如
封面設計　Bianco Tsai
版型設計　ayenworkshop.com
內頁排版　李偉涵

出　　版　木馬文化事業股份有限公司
發　　行　遠足文化事業股份有限公司（讀書共和國出版集團）
地　　址　231 新北市新店區民權路 108-4 號 8 樓
電　　話　(02)2218-1417
傳　　真　(02)2218-0727
Email　service@bookrep.com.tw
郵撥帳號　19588272 木馬文化事業股份有限公司
客服專線　0800-221-029
法律顧問　華洋法律事務所　蘇文生律師
印　　刷　通南彩色印刷有限公司

ISBN　978-626-314-360-9（平裝）
定　　價　500 元
初　　版　2023 年 2 月
初版 3 刷　2023 年 9 月

歡迎團體訂購，另有優惠，洽：業務部 (02)2218-1417 分機 1124

國家圖書館出版品預行編目 (CIP) 資料

上海日常旬味：小金處私廚的四季餐桌 / 徐小萍，金弘建著 . -- 初版 . -- 新北市：木馬文化事業股份有限公司出版：遠足文化事業股份有限公司發行，2023.02
304 面；17x23 公分

ISBN 978-626-314-360-9(平裝)

1.CST: 食譜 2.CST: 中國

427.1121　　111022025